本书编写组◎编

U0632710

走进科学：海洋世界丛书

人类对海洋的开发

RENLEI DUI HAIYANG DE KAIFA

本书将带领读者走进浩瀚的海洋，探索神秘莫测的海洋动物世界，认识千奇百怪的生命，了解各种有趣而又鲜为人知的海洋动物生活习性。同时，揭开生物资源与人类之间的关系，从而增强人们保护海洋生物的意识。

畅销版
课外阅读系列

世界图书出版公司
广州·上海·西安·北京

图书在版编目（CIP）数据

人类对海洋的开发／《人类对海洋的开发》编写组
编著. —广州：广东世界图书出版公司，2010.2 （2021.11 重印）
ISBN 978－7－5100－1580－9

Ⅰ. ①人… Ⅱ. ①人… Ⅲ. ①海洋资源－资源开发－
青少年读物 Ⅳ. ①P74－49

中国版本图书馆 CIP 数据核字（2010）第 024713 号

书　　　名	人类对海洋的开发	
	REN LEI DUI HAI YANG DE KAI FA	
编　　　者	《人类对海洋的开发》编写组	
责任编辑	李汶霏	
装帧设计	三棵树设计工作组	
责任技编	刘上锦　余坤泽	
出版发行	世界图书出版有限公司　世界图书出版广东有限公司	
地　　　址	广州市海珠区新港西路大江冲 25 号	
邮　　　编	510300	
电　　　话	020-84451969　84453623	
网　　　址	http://www.gdst.com.cn	
邮　　　箱	wpc_gdst@163.com	
经　　　销	新华书店	
印　　　刷	三河市人民印务有限公司	
开　　　本	787mm×1092mm　1/16	
印　　　张	13	
字　　　数	160 千字	
版　　　次	2010 年 2 月第 1 版　2021 年 11 月第 9 次印刷	
国际书号	ISBN　978-7-5100-1580-9	
定　　　价	38.80 元	

版权所有　翻印必究
（如有印装错误，请与出版社联系）

前　言

　　纵览世界地图，人们就会发现：地球的表面大部分都被蔚蓝色海洋所覆盖，而人类赖以生存的陆地，所占面积还不到地球表面积的1/3。海洋调节了地球的气候，为各种生物提供了比陆地大得多的生存与发展空间。海水中溶解有数以万亿吨计的无机盐和矿物质，海底还蕴藏着数量极为可观的石油、天然气、天然气水合物、多金属结核、磷钙石以及多种贵金属矿藏。海洋中的矿产资源无论是种类还是数量都远远超过陆地的。此外，海洋还可以为人类提供丰富的水产品、巨大的海上运输潜力、可开发利用数万年的淡水资源，以及取之不尽的波浪能、潮汐能、热能等等，海洋与人类的关系已变得越来越密不可分。随着地球上人口数量的不断增加，陆地上可供人们开发利用的食物资源、淡水资源和矿产资源等都在逐年减少，这就迫使人类不得不把资源开发的注意力转向海洋。人类未来的食物、生活用水、矿产、能源等都需要向海洋索取。

　　人类的生存和发展，始终与自然资源密切相关。随着科学技术的进步，人类对自然资源的认识和开发利用的程度逐渐加深。从古到今，人类对自然资源的认识和开发利用，由单一地面转向地面地下兼顾，由单一陆地转向陆海兼顾。由于陆地自然资源的开发利用历史较长，陆地自然资源储量逐渐减少，甚至面临枯竭的危机，再加上陆地都明确地属于某一主权国家，使陆地资源利用有限。而海洋资源开发利用历史短、程度低，资源储量动用少，特别是国际公海的国际共有性，使海洋资源越来越成为研究和开发利用的重点。有人称21世纪为"海洋世纪"，美国声称谁控制了海洋，谁就能称霸世界，谁就能获得最大的经济利益。正因如此，许多发达国家投入巨资，组织实施了与海洋资源调查、研究和开发利用相关的研究计划，以获得开发利用海洋资源的优势。

2000 多万年前，在人类诞生时，地球这颗行星已经为人类创造了充足的生存条件——陆地、海洋、空气、还有森林。然而，地球上的资源不是无限的，人们已经预计到，在不远的将来，陆地资源也会耗尽。于是，为了生存，人类借助发射卫星、飞船、载人航天飞机和建立空间站等，去寻找有空气、有海洋、有淡水、有生命的第二生存空间。然而，数十年过去了，尚无结果。

随着时代的进步，人类会变得更聪明理智，面对现实，向大海探索，开发新的生存空间。海洋的面积是大陆面积的 2 倍多，具有广阔的水下空间，是人类生存和居住的理想场所；海洋中有丰富的鱼类、贝类和藻类，是人类未来的主要食物来源；浩瀚无际的海水、深秘莫测的海底、水际滩头、近海岸边，到处都蕴藏着无穷无尽的宝贵资源。人们有理由相信，海洋是人类赖以生存的第二空间。人类将重返海洋，开发海洋、建设海洋。

海洋，人类共同的遗产，人类未来的希望。

让我们认识海洋、利用海洋、保护海洋，共同托起蓝色的希望。

人类对海洋的开发

目 录
Contents

海洋开发与第三次浪潮

1　第三次浪潮

3　走进深海

5　什么是海洋工程

6　形形色色的海洋结构物

9　张力腿平台

16　早期开发系统

17　浮式系统

20　超大型浮体

24　向冰海进军

海洋探索者

28　古人心目中的海洋

31　挥桨扬帆寻蓬特

33　汉诺西越擎天柱

37　皮西厄斯勇闯天涯

42　郑和七下西洋

43　哥伦布发现新大陆

45　欧印航线的发现者——达·伽马

47　环球航海的先驱——麦哲伦

48　第一个证实北极是海洋的探险家——南森

49　海洋考察时代

全球海洋合作与开发

54　海洋合作时代的来临

55　高新技术的应用

56　水下机器人

59　海洋卫星遥感技术

62　我国的海洋考察

63　我国极地考察

65　我国大洋考察

海洋电能开发

68　海洋电能

69　波浪与波力发电

72　海浪能源利用

72　海流开发

73　海洋能量与温差发电

76　巨大的热能仓库

77　潮汐能

海洋设施与通信开发

79　海上城市

80　人工岛

82　海底实验室与海底房屋

83　海上工厂、机场

85　海底隧道

85　海底大动脉

88　海上卫星发射场

海水资源的开发

91　海　水

92　海水化学资源开发技术

93　海水淡化技术

96　电渗析法

97　海水制盐

98　海水制溴

99　海水提镁

99　海水提铀

海洋生物资源开发

100　海洋水产资源

101　浮游生物资源

102　海洋微生物资源

102　药物资源

103　海洋生物

105　海洋动物

105　海　藻

107　海洋生物资源的经济利用

海洋渔业资源开发

109　渔业资源捕捞技术

110　海洋鱼类生态遥测

112　探鱼技术

116　海洋养殖

116　网箱养鱼

117　工厂化养鱼

117　港养和池养

海洋油气资源开发

118　海洋石油资源开发利用

119　海洋石油开发

126　海洋石油的生成

130　地球物理勘探

133　钻　探

137　半潜式钻井平台

139　海洋石油开发采油方法

140　采油的主要设备

142　储运技术

海洋矿产资源开发

144　海底矿产资源开发利用

145　海底矿产资源勘探

150　海滨砂矿

152　大陆矿产资源开采

153　海洋矿产资源开发

156　锡　矿

161　深海奇珍锰结核

海洋蓝色农牧业开发

163　海洋种植工业

164　海洋捕捞

165　海洋渔场

167　海洋牧场

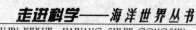

169　海苗种基地

170　海洋牧场的放养

171　南极磷虾

海洋药业开发

174　海洋药库

181　海洋"血浆"

182　海洋生物的药用

186　海洋生物活性物质

188　海洋生物活性物质的特点

　　及开发海洋生物活性物质

　　的意义

海洋工程开发

190　海洋工程

192　滨海核电站

194　海底光缆、电缆

195　水下考古

196　人工岛

198　海上城市——棕榈岛

198　围海造地

200　海底旅馆

目　录

海洋开发与第三次浪潮

第三次浪潮

西方有一位著名的未来学家，名叫托夫勒。1980 年，他撰写的《第三次浪潮》出版后立即畅销于世，被翻译成 50 多种文字。在该书（中文版）的第 16 页上，托夫勒写道："有四组相互关联的工业群将成为第三次浪潮的工业骨干：电子工业、宇航工业、海洋工程、遗传工程。经济、社会和政治力量的结构将随之发生巨大的变化。"

托夫勒的预言正一天天地变为现实，海洋工程在当今世界经济发展中正扮演着越来越重要的角色。环顾世界，全球发达国家都已制定了庞大的海洋发展计划，力图拥有海洋高新技术，以备在未来的

海洋石油941自升式系列钻井平台

海洋资源争夺战中捷足先登。在世界经济迅猛发展的今天，人类正加速向海洋进军的步伐。今天，世界上 60 多亿跨入 21 世纪的人们，对新的世纪充满憧憬。然而 21 世纪将是一个怎样的世纪呢？人们确信：那将是一个

海洋开发与第三次浪潮

无限美好的时代，人类将生活在一个崭新的天地，科学技术将更加发达，物质生活也将更加丰富。本书要告诉大家的是：21世纪是海洋的世纪，21世纪的海洋将以崭新的面貌造福于人类。

据报道：2000年世界海洋经济的年总产值为2万亿美元。这表明，海洋经济在世界经济中举足轻重。到21世纪末，海洋经济将与陆地经济的产值旗鼓相当。近年来，我国海洋经济迅猛发展，全国主要海洋产业的总产值从1978年的60多亿元，跃升到2005年的近1.7万亿元，对国内生产总值的贡献率达到4%。目前世界上一些发达国家的海洋产业已经超过20个。我国现有海洋产业12个，分别为海洋水产、海洋石油和天然气、海滨砂矿、海洋盐业、海洋化工、海洋生物制药和保健品、海洋电力和海水淡化、沿海造船、海洋工程建筑、海洋交通运输、沿海旅游、海洋信息服务。我国的海洋经济正在迅速崛起，以赶超世界海洋经济前进的步伐。

在诸多的海洋产业中，海洋石油和天然气名列前茅，成为海洋经济中最为重要的产业。自20世纪的七八十年代以来，海洋石油和天然气的开发得到了长足的进展，其产值已经达到世界海洋经济产值的70%左右。

美国的石油和天然气资源三分之一在浅海。目前，美国是世界上最大的海洋石油和天然气生产国。1987年，美国海洋石油和天然气的产值达到260亿美元，相当于2000多亿元人民币。

我国的海洋石油和天然气的储量也十分可观。就海洋石油开发的潜力而言，中国是一个海洋石油开发的潜在大国。有人说，我国近海的石油地质储量有90~140亿吨，深海的石油地质储量约74亿吨，特别是南中国海的石油储量极大。有的专家认为，在南中国海，蕴藏着的海洋石油约200亿吨，相当于波斯湾的石油储量。中国的海洋石油前景是光明的。昔日我国海洋石油和天然气的开发主要在浅海，今后，在继续开发浅海石油和天然气的同时，将逐步走向深海。走向深海是世界海洋石油和天然气开发的总趋势。

走进深海

本书的书名为《人类对海洋的开发》，那么，如何界定深海呢？几十年前，有人在一本海洋工程的著作中明确指出："所谓深海，系指大于 90 米水深的海域总称。"然而，随着海洋开发逐年向深海发展，这一定义也在不断变化。后来，人们将深海界定为大于 200 米水深。之所以取 200 米水深作为深海与浅海的分水岭，是因为 200 米水深在大陆架的边缘。1998 年，深海的界定再度向更深的海域扩展，从 200 米扩展为 300 米。而现在的海洋工程界视 500 米为深海的界限，即大于 500 米水深的就是深海。由此可见，随着海洋开发向深海发展，深海的界定标准也在与时俱进，不断刷新。

据统计，深海油气田的平均产量明显高于浅海油气田。尽管深海勘探钻井比大陆架和陆上钻井的总费用支出高，但是在深水区域能获得更多的油气储量，因此从

南油码头

总体上计算，平均单位成本并不高。

目前世界上浅海油气田的总储量仍占主导地位，这主要是与中东一些巨型油田所占的比重有关。未来油气田的平均储量规模将随水深（500 ~ 1500 米）而大幅增加。超过 1000 米水深的油气田的平均储量规模将是浅水区域的两倍以上。

近年来，水深在 1000 米以上的勘探活动明显增加。2001 年，世界各国共修建了 130 多口水深超过 1000 米的勘探井。1998 年以来，水深超过 1500 米的深海勘探成为发展最快的领域。而最近 10 年，油气生产已到达

3000 米深的水域。

　　追溯世界海洋石油开发的历史，我们将会发现，美国是世界上建造海洋石油平台最早的国家。1947 年，在墨西哥湾 20 英尺（7 米左右）水深处，美国建造了世界上第一个固定式钢质海洋石油平台。几十年来，固定式海洋平台的水深逐年增加。国外有人做过统计，大约每隔 8 年，固定式海洋平台的作业水深就会增加一倍。在 20 世纪 70 年代，大多数浅海平台的水深在 90 米以内，绝大多数海洋平台是导管架平台。随着海洋石油开发逐年向深海发展，深海石油平台应运而生。深海石油平台大都采用浮式系统，即是一个漂浮在水面上的海洋结构物。浮式系统的种类很多，它的上体，一部分在水面下，另一部分漂浮在水面上。

　　海洋是人类生命的摇篮，生命从海洋走向陆地，而世界石油能源开发的历史，却反其道而行之，它是一部从陆地走向海洋的历史。石油能源的开发始于陆地，继而在沿海开发海洋石油，而后逐年向深海发展，离陆地越来越远。从大陆坡走向深海，海洋石油平台的作业水深也逐年加大。从某种角度来看，人类的发展史是一个不断扩展自己生存和活动空间的历史，人类不甘心于自己狭小的生存和活动空间，于是便以不懈的努力去扩大，上天下海就是人类这种欲望的具体表现。今天人类已经飞上了蓝天，进入了深海。海洋的深度是有限的，而人类上天入海，拓展空间的决心是无限的，走进深海大洋是历史的必然。

　　1977 年在美国得克萨斯大学海洋科学院举行的国际会议上，90 多名著名的地质与地球物理学家一致认为：大陆坡、大陆隆的海洋石油储量，等于或者超过大陆架的石油储量。这一观点表明，深海孕育着丰富的石油和天然气，这将推动深海石油开发的进一步发展研究。

　　如今，一些海外石油公司的老板都已把目光投向深海石油开发。托夫勒在其力作《第三次浪潮》中生动地描述了深海石油开发的场景，他引用了著名经济学家莱比捷格的一句话："今天很多大公司犹如当年美国西部分得了耕地的移民，正排着长队等着一声令下，就向大海域竖起第一个标桩。"

什么是海洋工程

凡是在海洋环境条件下，以开发和利用海洋资源或用于军事目的的工程，皆可称为海洋工程。海洋工程包罗万象，诸如海洋石油平台、海浪发电、潮汐发电、海上机场、人工海上防波堤、消波岸、海底粮仓、海上城市、海洋机器人、海底锰结核开发、海上导弹发射基地、海底隧道、海洋工作站、深潜器等。海洋工程既是一门独立的学科，又是一门与多种学科密切相关的学科。它不仅与船舶工程、海洋学、气象学、水利工程、土木工程、航海工程等有关，还与机械工程、材料工程、电子工程、生物工程、地质工程、化学工程、数学、力学、仪表、环保、计算机技术等关系密切。因此，国外一直将海洋工程称之为与航天工程、核工程并列的第三门大型综合学科。

海洋工程是随着人类对海洋资源的渴望而产生的，一系列海洋结构物相继问世，有的用于海洋石油开发，有的用于海底粮食存储，有的用于海底锰结核开发，还有海洋波浪发电、海底隧道、海上城市、海上导弹发射基地等等。海洋结构物尽管种类繁多，其建造目的不外乎三个方面：一是海洋资源开发；二是海洋空间利用；三是军事利用。

我国海洋工程发展迅猛

海洋开发与第三次浪潮

20 多年前，中国老一辈科学家们提出了一份名为《钱学森等呼吁立即组织海洋工程的研究与开发工作》的呼吁书，这篇文章的序言说："近一个世纪以来，由于航海业的需要，产生了航海工程，接着人们开发了铁路，产生并发展了大规模的铁路工程。而后，人们飞上了蓝天，又带来航空工程的蓬勃发展。这些由人们认识自然、改造自然所形成的一系列工程开发，今天已成为庞大的产业部门，为社会发展做出了卓越贡献。40 年代初，人类开始向原子进军，由此而产生的核工程和核技术已被人们称为划时代的标志。50 年代末，人类开始了太空探险，至今航天工程仍方兴未艾，一个空间产业部门正在形成。而 70 年代以来，一个新兴的、具有重大意义的工程部门正在兴起，这就是海洋工程。"

这份呼吁书是我国著名科学家钱学森等人在 1983 年提出的。就在这份呼吁书提出的三年前，中国船舶科学研究中心前所长顾懋祥院士已经组织人力，开始了我国海洋工程的研究工作。当时确立的国家科技攻关项目是"单点系泊系统开发研究"和"深海张力腿平台发展研究"。我国较大规模的海洋工程研究就是从那时起步的。

形形色色的海洋结构物

在人类栖息生存的大地上，屹立着形形色色的建筑物，有摩天大厦、埃菲尔铁塔、金字塔、古代宫殿，还有那旷世杰作万里长城……这形形色色的结构物装点着我们赖以生存的世界，令我们赞叹，令我们骄傲。

然而，人类生存的大地仅占地球表面积不足三分之一，浩瀚的大海包围着陆地。在如此浩瀚的大海上，人类经历了若干世纪却没有留下什么像样的杰作，有的只是人们的想象和传说，比如说，在那茫茫的大海下面有一座金碧辉煌的水晶宫。

半个世纪以来，人类打破了海洋的沉寂，走进了海洋。随着海洋开发的迅猛发展，人类建造的形形色色的海洋结构物坐落在全球各个海域，有的酷似高楼大厦，有的犹如巨大的球体；有的狭长，有的短粗；有的运动在海底，有的漂浮在洋面，它们为大海增添了无限魅力。

近一个世纪以来，能源已成为各国经济中举足轻重的产业，海洋石油的开发更被各国关注，于是千姿百态的海洋石油平台屹立在海上。

海洋平台的种类繁多，形状各异。

"勘探三号" 半潜式钻井平台的施工现场

海洋平台按安装的方式分类，可分成两类：一类是固定式平台；另一类是非固定的浮式平台。导管架平台是典型的固定式平台；半潜平台则是典型的浮式平台。

固定式平台，就是固定在海洋中的海洋平台，诸如重力式平台、导管架平台。导管架平台是借助于打桩来实现这一目标的。中国的渤海湾有许多大大小小的固定式平台，用得最多的当属导管架平台。导管架平台的腿又叫桩，桩的主要用途是支撑平台的上体。桩的下半部分要打入土壤中。桩的入土深度与很多因素有关，诸如平台设置的水深，设置平台海区的风、浪、流等环境条件，海底的土壤状况等等。海底的土壤往往分很多层，每一层的土质结构不同，有的是黏土，有的是亚黏土，还有的是细粉砂。平台的桩就插入这些土层，恰似一棵大树。要想大树永远不倒，树根至关重要，如果树根扎得很深，土壤也很粘，当大风袭击时，树就能岿然不动。导管架平台的桩入土深度是十分重要的，入土过深，自然是一种浪费；入土过浅，则可能使平台无法抗击风浪。因此导管架平台设计师们在设计一座导管架平台时，首先要考虑设置平台处的海浪大小，还要考虑设置平台处海域土质的优劣。一般先要从海底取样，然后对土壤的力学特性进行分析计算，同时参考设计者和他人的经验，最后确定打桩的深度。

重力式平台，顾名思义，是靠自身的重力坐落在海底的平台。它的好处是无须打桩，完全靠自身的重量稳坐在海洋中。

无论是导管架平台还是重力式平台，它们都有一个共同的弱点，那就是在深海难以使用，它们都属于浅海石油平台。

半潜式钻井船

海洋平台按建造的材料来分类，可分为混凝土平台、木质平台、钢结构平台，此外，还有人设想借助冰来建造海洋平台。木质平台是人类开采海洋石油最原始、最古老的平台，也是最经济、最简单的海洋平台。木质平台在人类海洋石油开发的早期，曾得到过广泛的应用，特别是在美国的墨西哥湾近岸的海洋石油开发中应用得最广。随着人类对海洋石油的开发逐年走向深海，木质平台逐渐从海洋平台的大家庭中退出，取而代之的是混凝土平台或钢质平台。混凝土重力式平台曾得到广泛的应用，因为混凝土平台的造价低，可以在岸上施工和制造后，再拖运到海上。除了纯混凝土平台、钢质平台外，还有用混凝土和钢一起制造的混合式平台。此外，有报道称，在21世纪，利用塑料来制造海洋结构物的各种构件将不再是幻想，新型塑料制品将逐步走进深海大洋，以取代现有的各种钢铁构件。

海洋平台按使用的用途分类，可以分为生活平台、钻井平台、采油平台、处理平台等。

生活平台是工作人员的海上公寓，一般为几层楼，可供数十人或数百人起居生活。平台上设有各种生活及娱乐场所，还设有通信中心，借助于通信卫星或无线电系统与总部取得联系。一般来说，在平台上还设有直升机的停机坪，运送物资和人员的飞机频频在这里起飞或降落。生活平台也可以借助人行栈桥与处理平台相连。钻井平台主要用于海底钻井。采油平台也可以称为生产平台，主要用于采集海底的石油和天然气。鉴于海底石油与天然气是孪生兄弟，它们会同时出现，所以采集到的石油还必须进行油和气的分离，处理平台的主要任务就是对这些油气进行分离、脱水，最终获得原油与天然气。有人说，海洋石油平台甲板上有一座化工厂，真是恰如其分。

张力腿平台

最早的海洋平台全是固定式平台，其中采用最多的是导管架平台。随着较深海域的石油和天然气被不断发现，人们迫切地希望到深海去开采石油。然而导管架平台进入深海遇到了两个难以逾越的问题：

一是导管架平台的造价随着水深的增加呈指数增加，水深若加大一倍，导管架平台的造价就要提高数倍。

有人做过计算，当水深达到120米时，导管架平台和浮式系统的造价几乎相等；水深大于120米后，越深，浮式系统比导管架平台的造价越低，水深400米左右时，浮式系统的造价几乎只有导管架平台造价的

TLP（张力腿平台）

人类对海洋的开发

一半。

二是浅海打桩比较容易，深海打桩难上加难。

就在人们进军深海举步维艰之时，张力腿平台应运而生。张力腿平台简称为 TLP（Tension Leg Platform 的缩写），它是浮式系统的一种。

半个多世纪前的 1954 年，美国人麦许（Marsh）第一个提出了张力腿平台的概念，他设想将一些细长的钢缆，一端连在一个浮在水面的大型结构物上，另一端则固定在海底，让钢缆处于绷紧的状态，这样一来，整个结构物恰似一座倒挂的钟，钟摆便是漂浮在水面上的大型浮体，在风、浪、流的作用下，浮体像钟摆一样，在海面上摆动。当时，麦许的想法并没有引起太多人的注意，然而随着海洋石油开发的发展，特别是深海油田的不断被发现，如果继续用传统的固定式海洋平台结构，就必须将长达数百米乃至上千米的立柱式桩基打入土壤，显然，这是难以实现的。此外，从经济上来说，在深海设置固定式平台，造价惊人。于是，人们开始把目光投向麦许的设想，在 30 多年的时间里，世界各国对这个设想竞相研究，为张力腿平台的诞生积累了宝贵的经验，做好了充分的准备。张力腿平台的研制可以分为三个时期：

（1）1954 年～1966 年

在此 13 年间，主要是美国对张力腿平台进行了一系列研究，这时期的研究属于基本原理探索阶段。

一些专家学者和海洋工程工程师对张力腿平台的总体方案以及腿与平台的联结方式相继提出了不同的方案。例如，有人提出，腿和浮体的联结应采用斜拉式，即将平台长达数百米的钢管腿一端连在浮体立柱下端，而另一端呈一定斜角固定在海底；有的人认为钢管腿的一端应该连在浮体大立柱的下边，另一端则应垂直地联结到海底；还有人认为应该采用上述两种方式（斜拉和垂直拉）相结合的方式。经过多年的研究和论证，第一座张力腿平台还是采用了垂直系泊的方式。

（2）1967 年～1975 年

这一阶段历时 9 年。在此期间，DOT 公司（Deep OilTechnology Inc）从理论与试验两个方面进行了张力腿平台发展的研究。1974 年，美国人在恺撒（Kaiser）造船厂制造了一座 650 吨的张力腿平台中间体，次年在加利福尼亚附近的 60 米水深处进行了试验，试验颇为成功。当时，除了对张力腿

自升式钻井平台

平台的总体进行分析研究外，人们还对张力腿平台的海底连接、张力腿平

台的腿以及系统维修进行了大量的研究工作，积累了不少经验，为日后张力腿平台的问世做出了巨大的贡献。

（3）1975 年 ~ 1984 年

在此阶段，一些国家的科研人员对张力腿平台的研究极为活跃，他们进行了形式繁多的水池试验研究。

浮船式钻井平台

1976 年，日本发表了有关张力腿平台不同系泊方式的水池试验结果，并与理论计算的结果进行了比较。

英国国家海洋研究所自 1977 年开始，对各种张力腿平台的设计方案做对比试验，试验的目的是探讨张力腿平台的最佳外形。平台的模型在水池中进行了 700 次巨浪试验，记录试验的磁带长达 100 千米。

意大利对深海张力腿平台的具体施工方案进行了一系列研究，并对施工过程中张力腿平台的运动性能、张力腿的腿张力特性和整个系统在海浪中的安全性进行了研究。

1980 年 1 月，挪威拟定了张力腿平台发展研究计划，该项研究由 13 名教授、博士组成，从理论计算与试验两个方面开展大量的研究工作。

1981 年，荷兰也开始了大量的水池模型试验，以验证张力腿平台在波浪中的性能。

1984 年，美国 CONOCO 的张力腿平台正式投入使用，开始在北海的赫顿（Hutton）油田采集石油，开创了深海石油开发的新纪元。

人类对海洋的开发

张力腿平台以其自身的优点（在波浪中运动小，且较之固定式平台造价低、抗震能力强、便于迁移、可重复利用等），受到世界海洋工程界的青睐。经过几十年的发展，张力腿平台已经逐步走向成熟，逐渐成为深海石油开发的主力军。

从1954年麦许提出张力腿平台的概念，到1984年世界第一座张力腿平台屹立于赫顿油田，历经30年，麦许的梦想终于成真！

张力腿平台也称为"顺应式"平台，"顺应"二字意在波浪到来时，张力腿平台会随波移动，离开平衡位置，波浪过去后，它又恢复到平衡位置。固定式平台则缺乏这种灵活性。这也是张力腿平台的一大特点。

张力腿平台的种类很多，这里列举一些比较典型的张力腿平台，并对其结构予以说明。一般来说，张力腿平台主要由浮体、垂向构件、腿、基础四个部分组成。

浮体

任何浮式系统都必须有一个或数个浮体，浮体的主要作用是为整个系统提供浮力。张力腿平台的浮体有各种各样的形状，但大多数张力腿平台都是由几个垂向的大型立柱加上横向的几个长方体组成，这些横向的构件叫"沉箱"。不同的张力腿平台，其大型立柱的个数不等，诸如：三立柱、四立柱、五立柱、六立柱等。近年

半潜式钻井平台模型

来，亦有人提出单立柱张力腿平台，即平台的浮体只有一个大型的圆柱。

垂向构件

早期设计的张力腿平台的垂向立柱过细，其目的是减少平台在波浪中的阻力，然而这样做增加了平台倾覆的可能性。后来人们多采用粗大的立柱，以确保平台的稳定性。也有的张力腿平台采用立柱与很多桁架相结合的结构。

腿

张力腿平台浮体的结构形式很多，主要有以下几种形式：

1. 立柱与长方体相连。
2. 立柱与桁架相连。
3. 相邻立柱下由一个箱形浮体联结。
4. 立柱与一个长的水平圆柱相连。
5. 只有一个大型的单个立柱。

浮体向下，就是许多垂直的钢管与立柱的底部相连接。这些钢管就是张力腿平台的腿，其数目不等，视实际需要而定。水越深，张力腿平台的腿就越长。一般来说，张力腿平台多用在 150～1000 米的水深。近年来，张力腿平台已进入千米以上的深海。张力腿平台是深海采油设备中最常用的一种结构形式，它以修长而绷紧的腿著称，如果在千姿百态的海洋平台中选美，张力腿平台有望脱颖而出。

基础

张力腿平台的基础有两种主要形式，一是重力式的；二是桩基式的。最常用的是桩基式张力腿平台。也有一种可搬迁的张力腿平台基础，这种基础在油田石油枯竭时，可以让基础脱离土壤，将整个平台搬迁到新的油田。

随着科学技术的发展与进步，人们将创造出更经济的、性能更优异的张力腿平台。

在更深的深海，张力腿平台遇到它的竞争对手，这就是SPAR。SPAR是一种深海石油平台，也称柱式平台，或称圆筒平台。顾名思义，它的浮体是一个大型圆筒，这个大型筒状结构为整个系统提供足够的浮力。SPAR主要用于深海石油作业，就系统而言，它也是浮式系泊系统中的一种。

张力腿平台的系泊系统有各种各样的形式，诸如垂直系泊、倾斜系泊、钢缆系泊、钢管系泊。赫顿油田的张力腿平台是典型的利用钢管垂直系泊的平台，也就是说在这个6根大立柱组成的浮体的每一个立柱的下端，都安装了数根向下垂

混凝土重力式平台

直的钢管，这些钢管紧紧地拉住浮体。平台的上部有一个十分宽敞的甲板，甲板的下方是6个大的立柱，每个立柱的直径都有10余米，即每个立柱的横截面积比一般的教室还要大得多。各个相邻立柱的下边由一个沉箱相连，沉箱的形状酷似一个长方体。每个立柱的长度一般来说都在百米以上，如果在更深的海域，这些腿会更长，甚至达千米。这些腿的另一个特点是，腿上受到极大的张力，腿的顶点上有一个巨大的向下的力拉住

海洋开发与第三次浪潮

浮体。

世界上第一座张力腿平台的作业水深为 150 米左右。1996 年，人类已在 785 米的深海建成了张力腿平台，并计划向更深的海域进军。而后张力腿平台最大工作水深超过了 1000 米，柱式平台最大工作水深已达 1830 米，浮式生产储油船（FPSO）最大工作水深已达 1900 米，深水多功能半潜式平台工作水深更可以达到 2000 米以上。1996 年以来，国际上新建 19 座半潜式平台，其中有 18 座的工作水深超过了 1500 米，半数以上水深超过 2000 米。据估计，从 2003～2007 年，世界各国计划建造 116 座浮式生产系统，其中包括 77 艘浮式生产储油船、16 座张力腿平台、13 座柱式平台及 10 座半潜式生产平台。FPSO 是英文浮式生产储油轮的缩写，实际上就是大型的海洋石油储油船。随着海洋石油的开发，现代储油船正向着大型化、高技术方向发展。我国渤海蓬莱 19－3 大型油田将建造 30 万～40 万吨级的超大型浮式生产储油船，这是世界顶级装备，建成后在只有 20 多米水深处作业，船体巨大而吃水浅，还要能经受百年一遇的风暴的袭击而不触底，即在幸存海况下，油轮的运动也不大，以确保安全作业，这对我国造船业是一个极大的挑战。

早期开发系统

早期开发系统是海洋工程中的一个专业名词，它很难被人们理解。我们试图用通俗的语言对此予以说明。

在世界上，许多海洋石油油田的储量并不太多，被称为边际油田。边际油田有开采价值，但当油价不高时，开采后的利润很低甚至无利可图。油田在开发前，开发者总要对它进行评估，算一算开发这个油田能获取多少利润。这个计算结果对油田的开发是十分重要的，如果无利可图，油田自然得不到开发。海洋工程研究开发的一个重要问题，就是经济问题。人们在谈论一个结构物是否理想时，除了关注它的性能外，还必须考虑到它的经济性，即这个结构物的造价问题。

正因为如此，一些有经验的海洋工程专家提出了一系列早期开发系统的方案。低成本、高性能的早期开发系统是石油开发商最感兴趣的课题，因为它将会给开发商带来更多的商业利润，也是开发商决定是否开发某个油田的重要依据之一。

如果你能向开发商提供一种不惧百年一遇的大浪且结构简单造价又低的海洋开发早期生产系统，开发商就一定会对你的成果十分关注。有人曾提出一种早期开发系统，它可以搬迁，这更引起了开发商的关注。可以在海洋中"搬迁"的早期开发系统为什么会引起开发商的关注呢？原因很简单，因为一个海洋平台在某个海域完成了开采石油的使命后，一般的情况下它会被弃之海上，成为一堆废物。这是一种极大的浪费。如果这种平台具有搬迁的性能，即当这个海域的石油采完后，可以把整个平台搬到另一个油田去继续作业，就能节省大量的财物，也大大缩短了重新建造平台的时间。在一项海洋石油工程准备实施之前，海洋地质专家们会对这片油田进行充分的调查研究，并预报这片油田的石油储量。如果实际储量大于这个预报值，人们自然喜出望外。但有时也会做出错误预报，即实际储量低于预报值，也就是说这片油田上的石油并没有预报的那么多。这时采用可搬迁平台就非常重要了。所以说，可搬迁平台的重大意义在于平台的可重复使用，这是一般的海洋平台做不到的。

浮式系统

浮式系统是指浮在海面上的海洋石油开发系统，这是一个相当庞大而复杂的系统。浮式系统最具有代表性的两大系统是半潜平台和张力腿平台。

一般来说，半潜平台的系泊系统由4～8组缆索组成，缆索的一端与平台的浮体相连，另一端固定在海底。张力腿平台与半潜平台有相似之处，都是由浮体、系泊系统及基础三大部分组成。它们最大的区别在于半潜平台是松弛系泊系统，张力腿平台则是张紧系泊系统。所谓张紧系泊，是指平台的系泊钢缆或钢管是绷紧的。张力腿平台的腿是许多钢管，由于它的系泊系统承受巨大的系泊力，使其运动的固有周期远离波浪的周期，所以它的运动远小于半潜平台，特别是张力腿平台的横摇、纵摇和垂荡都十分小，在同样的海况下，其运动仅是半潜平台的数十分之一。

除半潜平台、张力腿平台外，浮式系统中还有单点系泊系统、拉牵塔等。

各种浮式系统除了各自的特点外，它们都有两个共同点：一是都有一个浮体，浮体的主要作用是为整个系统提供浮力；二是都有一个系泊系统，都要借助钢管或钢缆，一端与浮体相连，一端固定在海底。

为了防止海洋结构物在风、浪、流等外界环境力的作用下漂走，所有的浮式系统都必须系泊，即用钢缆或钢管拉住浮体。就系泊方式而言，有

人类对海洋的开发

1　柱式平台　　2　系泊油轮　　3　张力腿平台
4　半潜平台　　5　系泊油轮

各种浮式系统(一)

垂直系泊，也有斜拉式系泊。垂直系泊的特点是所有的系泊缆或钢管皆垂直于海底与水面；而斜拉式系泊则不然，它的系泊缆或钢管是倾斜的。

人类在进军海洋的过程中，遇到最大的挑战就是海浪，海浪是人类进驻海洋的最大障碍。虽然海浪给摄影师带来了许多动人的画面，也给冲浪者带来了惊心动魄的刺激，但是它巨大的破坏力和喜怒无常的表现却给人类带来了无数的灾难和烦恼，它击毁了无数船舶，吞噬了万千生命。每当它发怒时，会大声咆哮，不停地奔跑，向身边的一切挑战。

各种浮式系统(二)

近几十年来，因狂风巨浪导致平台翻沉的事故屡有发生。据统计，平均每年有1~2座平台因巨浪导致翻沉，最多的一年曾翻沉8座平台。1980年3月27日夜晚，位于墨西哥湾的美国"基兰"号石油平台被波涛吞没，遇难者达120多人，这是伤亡人数最多的一次。在我国海区，已有2座石油平台因巨浪袭击而分别沉没于渤海和南海：1979年11月，我国"渤海2"号平台在航行过程中因油泵舱进水，发生不对称横摇，结果在巨浪的作用下翻沉，死亡72人，仅2人生还；另一次是美国"爪哇海"号平台在南海莺歌海作业时，遇到强台风引起的8.5米波高的狂浪袭击，结果不幸沉没，平台上中外工作人员无一生还。到目前为止，全世界因巨浪沉没的石油平台已多达60余座。

尽管海洋环境是如此的严峻，但是，人类对海洋资源的渴望仍是如此的强烈。当然，人类的创造力也是无限的，因此人类正一步步走向更深的海域，以实现最大限度地取得海洋资源的愿望。

超大型浮体

　　2006 年，世界的总人口已达到 65 亿。在未来的年月里，人口还将继续增多，世界会变得越来越拥挤。面对这个拥挤的世界，人们会想到还有比陆地大得多的空间，那就是比地球更加广阔的蓝色海洋。人类梦想着把城市搬到海洋中去，因此建筑超大型浮体的愿望越来越吸引着人们。近年来，不少国家已把进军海洋的目光锁定在超大型浮体上。所谓超大型浮体（简称 VLFS）也是浮式系统中的一种，其特点是"超大"。一般来说，超大型浮体的尺寸可在 1000 米或数千米之上。超大型浮体的用途很多，它可以作为海上机场、海上工厂（特别是污染、噪声较严重的核电厂等）、海上居住区、海上军事基地等，其设置可能对某一区域的社会、经济、政治、军事等产生重大影响。

人类对海洋的开发

16000吨级浮船坞

一般而言，超大型浮体可以以沿海岛屿或岛屿群为依托，带有永久或半永久性，具有综合性、多用途的功能。建筑超大型浮体的主要意义在于：其一，建立资源开发和科学研究基地、海上中转基地、海上机场等；其二，当沿海城市缺乏合适的陆域时，可以把一些原本应建在陆地上的设施，如航空港、核电站、废物处理厂等，移至或新建在近海海域，以此来降低城市噪声和环境污染；其三，在国际水域建立军事基地，借此对某地区的政治、军事格局产生战略性的影响。

美国的肯尼迪号航空母舰

建造军民两用的超大型浮体结构，并将其驻扎在本国的近海岸，一方面可以用于海洋资源开发，另一方面也能达到捍卫主权、保卫国家海洋权益的目的。

超大型浮体随着人类渴望充分利用海洋空间而诞生，而近代海洋结构物建筑的发展和海洋建筑材料的开发，更促使人们利用超大型浮体进入广袤的海洋空间。随之，建筑海上居住区（海上城市、海中城市、海底城市）的构想相继问世。例如，建设可容纳数万人的水上城市，包括住宅、学校、医院

海洋开发与第三次浪潮

和各种文化设施以及水产养殖、造船工业、海洋研究的中心等。

超大的美军海上移动雷达站

　　美国正在实施以长期居住海底为目标的"海底实验室计划"。到那时，海底石油和天然气可作为海上城市的能源，海水通过淡化可供海上城市的居民使用。

　　随着航空运输的激增及飞机的大型化、高速化，为解决机场的数量和面积大规模增加和避免飞机起飞着陆时发出的噪声，人们也在研究建设海上机场。建设海上机场还有一个得天独厚的优点，就是海上机场的跑道的方向上既没有丘陵，也没有高大建筑物，能提高航行的安全性。

　　还有，人们设想在海洋上建立海底核电站，用来作为海中作业的动力；建造海底公园，使人们观赏到与陆地完全不同的景观。我国南海及海南岛附近水域的水质透明度高，海中有大量的珊瑚礁及水生植物，还有游弋其间的多种鱼类，它们构成了一幅壮美的景观，如果在那里建成一个海底公园，那该多美妙啊！还有，如果在海上建起休闲娱乐设施，那该多棒啊！总有一天，人类会在海上建起世界上最美的建筑。

目前，美国和日本等国家正投入大量的人力、财力，研制海上机场。海上机场必须拥有和陆地机场同样的功能，但由于机场设置在茫茫的大海之中，它遇到了许多陆地机场没有的问题。诸如百年一遇的大浪问题，即在最危险的海况中，确保超大型浮体的安全性；超大型浮体的结构强度问题；超大型浮体与水下基础的联结与安装问题等。显然，它所遇到的问题不是一个两个，而是一个技术群，这就需要密集的技术支撑，还需要大量的人力、财力支持。无疑，这是一项海洋高技术。

我国有关学者也较早地认识到超大型浮体结构所具有的战略意义和广泛的应用前景，并开展了相应的研究工作，取得了很好的阶段性成果。

日本是一个岛国，日本人对海洋空间的利用尤为关切。自1995年阪神大地震之后，日本政府更加体会到超大型浮动机场在防震抗震方面的优越性。于是，他们联合高校、企业和研究机构的力量，对大型浮式结构进行了广泛的探索，并建立起大型浮体研究协会，由协会具体负责超大型浮体结构的海上试验，积累了很多有价值的数据。海上机场不仅能减轻地面的空运压力，减少飞机噪声和废气对城市的污染，还可以使飞行员视野开阔，保证了起飞和降落时的安全。世界上最早的海上机场是日本于1975年建造的长崎海上机场，该机场的地基一部分利用自然岛屿，另一部分由填海造成。我国的珠海机场也是填海兴建的，上海浦东国际机场也建在海边滩涂上。日本海洋开发建设协会曾提出建设21世纪海上机场城市的设想。他们计划在距陆地约40千米的海洋上建造一个用支柱支撑的双层大型结构体，上层是具有4000米长跑道的飞机场，可以24小时起落大型超音速飞机，其面积与东京国际机场、伦敦希斯罗机场相同；下层由国际会议厅、国际金融中心、商业区、宾馆等建筑物构成一个可以进行经济、科技、文化交流的"海上城市"。1999年8月4日，日本在神奈川县横须贺港海面建立了一个海上漂浮机场，漂浮机场由6块长380米、宽60米、厚

3 米的巨型钢铁漂浮箱型结构组成，有一条 1000 多米长，最宽处达 120 米的起降跑道。该机场于 2000 年成功地进行了飞机起降试验。有关专家认为，这种机场具有很大的军事价值，战时可以作为支援作战飞机的移动基地使用。

向冰海进军

冰海本色

当今世界海洋石油和天然气的开发有三大趋势，一是向深海发展；二是对早期生产系统的开发和研究；三是向冰海进军，特别是向北冰洋发展。北冰洋是世界大洋中最小的一个，它只有太平洋面积的十四分之一。北冰洋是一个充满神奇色彩的冰雪世界，那里有白夜，还有极光，吸引着无数的探险家和科学家。直到近代，人们才发现这片冰天雪地下沉睡着大量的海洋石油。然而，人们若想在冰海上建立石油帝国，必然面临冰海的严峻挑战。在冰海中建造海洋结构物，首先要考虑的就是冰。冰海中的冰千姿百态，有的结成巨大的冰山，有的与海岸、岛屿冻结在一起；有的宛如丘陵，有的酷似桌面，有的犹如平板；有的静止不动，有的横冲直撞。除了巨大的冰山外，还有冰丘、冰块。冰块因体积大小的不同，又被分成大冰块、中冰块、小冰决、碎冰块。

人类对海洋的开发

冰山是冰海中特有的景观。南极和北极广阔的洋面上，经常可见一座座冰山漂浮在洋面之上。陆地上的山岿然不动，冰海中的山却像流浪者一样，漂泊不定。由于比重的关系，绝大部分冰山的体积十分之九藏在水下。冰山看上去蔚为壮观，却有着惊人的破坏力，谁若挡住它的去路，谁就可能葬身于海底。1912 年，排水量 4.6 万吨的"泰坦尼克"号邮轮撞上了冰山后沉没，造成 1490 人死亡。

南极海也是盛产冰山的海区，每年大约有 20 万座冰山从这里出发远行。冰山大小不等，形状各异。1965 年，有人在南极发现了一座罕见的冰山，该冰山长达 300 多千米，宽 96 千米，高出海面几十米，面积几乎等于大半个台湾岛。冰山的水上部分常常受到风和波浪力的侵蚀，其水下部分则远远大于它的水上部分，而水流作用力与冰山水下侧面积的大小成正比，因此冰山所受的外力主要是风、浪、流的作用力。

刚开始，人类对冰山的巨大破坏力认识不足。随着冰山导致的海难不断发生，人们开始关注冰海中的力学问题。对于一个大型海洋平台来说，冰的作用力有时高达几千吨，冰的巨大作用力可使一座巨大的海洋平台顷刻倾覆。今天不少科学家正致力于冰海力学的研究，人们对冰山的破坏力的认识将越来越深刻。

冰山、冰块是海洋平台最危险的敌人，它们随时都可能向海洋平台袭来。这些横冲直撞的冰山和冰块能产生巨大的破坏力，最终推翻海上建筑。现在一般认为，在水深小于 25 米的冰

北极冰海

区可以用人工钻井开发；在水深较大的冰海则应采用固定式平台或者浮式

平台开发，并可以采用锥形支腿来减少冰的作用。今天，形式多样的海洋平台已出现在冰海，有关冰海石油开发装置的设想和建议已超过 50 多种。不管冰海的环境有多么严酷，不管冰山如何威胁着平台的安危，人类进军冰海的步伐是不会停止的。

冰造海洋平台

用冰来建造海洋平台是挪威造船学家提出的新设想。这一设想得到了世界海洋工程界的关注。因为冰造海洋结构物不仅结构简单、制造方便，适合制造大型海洋结构物，诸如冰造人工海上码头、海上机场等，而且造价远比钢质平台或混凝土平台低，仅为同样规模平台造价的五分之一。遗憾的是，时至今日，冰造海洋平台还只是科学家们的设想，人们期待着有一天能梦想成真。为了对这种设想的可行性进行论证，挪威造船学家准备先建造一座冰制钻井平台模型进行试验。用冰制造海洋结构物似乎令人难以置信，然而这一设想并非始于今天。远在第二次世界大战期间，在美国海军中将蒙巴顿手下工作的派克就发明了一种特制的冰，这种冰的强度极高，它可以经受小型炮弹的袭击，这不能不说是一大奇迹。这种人造冰采用了一种特殊的制造方法，即在冰中渗入一种木浆，使冰的表面形成一种毛绒状的绝热层。由于这一发明处于绝密状态，人们还无法弄清其全部奥妙。英国海军曾试图利用这一技术制造世界上最大的百万吨级的航空母舰，但至今这种航空母舰尚未诞生。不过，派克的这个发明迟早将为人类造福。

冰海人工岛

冰海人工岛不是天然的岛屿，而是人造出来的立于冰海之中酷似岛屿的海洋结构物。冰海千里冰封，万里雪飘，人们为什么要到这里建造人工岛？看似不可思议，其实原因很简单，因为冰海海底沉睡着大量的海洋石

人类对海洋的开发

油。如前所述，这里也有海底"石油银行"，而且这些银行也很大。为了提取这些海底财富，人类必须研制新的、适合于冰海的大型冰海"海底取款机"，这就是冰海人工岛。

最初，人们对冰海一直心怀恐惧，不敢涉足这片神秘的地带。直到1969～1970年，美国的"曼哈顿"号船在加拿大西北航线上，成功地进行了冰海实船试航。这次破冰之旅展现了人类进军冰海的决心，也给人们进入深海探宝带来了巨大的信心。

1973年2月，人们在北极区3米水深的海域建立了埋入式人工岛，这是极浅海域的海洋结构物。继而，人们在18米以内的浅海建造了28座海洋人工岛，这些人工岛都是在离海岸不远的地方建造的。海洋人工岛的种类很多，主要分三类：一是混凝土沉箱式人工岛；二是钢结构沉箱式人工岛；三是可移动的沉箱式人工岛。

混凝土流箱式平台是最早建成的加强式人工岛，它的设置水深为22米，由4个沉箱组成。每个沉箱的长度为69米，最大宽度15米，高11米，采用了轻型的混凝土，比重为每立方米1.95吨。每个沉箱的高度相当于一般住房的三四层楼高，其面积上千平方米。就这样，4个庞然大物组成了一个海洋人工岛。

钢结构沉箱式人工岛采用钢材为建岛的材料。1982年，由加拿大人负责设计，日本公司负责建造了一座海上人工岛。这个人工岛由8个大型的钢结构组合而成，每个钢结构的长度为48.5米，底面的宽度为13.1米，高度为12.2米。由于冰海中冰块的作用力很大，为防止人工岛侧向滑动，人们在钢结构沉箱内放满了黄沙。

以后，人们又研制出更为先进的可移动的沉箱式人工岛。这种人工岛向更深的水域进军，其设置水深为15～40米。1984年，它被安装在加拿大的海域中，整个人工岛呈八角形，高29米，底部的直径达111米。

人工岛的发展轨迹就是不断地从浅海向更深的海域发展，不断地向更安全、成本更低的方向挺进。

海洋开发与第三次浪潮

海洋探索者

古人心目中的海洋

人类对海洋的开发

大海，苍苍茫茫，奇伟浩渺。风和日丽的时候，它波澜不惊，一碧万顷；狂风暴雨的时候，它浊浪排空，奔腾咆哮。

在我国古代，人们认为海洋是一个昏暗和神秘莫测的地方。"海"字"从水从晦"，晦，是昏暗而不可知。《说文解字》中对"海"字释为："天池也，以纳百川者。"《列子·汤问》篇关于大海的传说中断言，海中浮有蓬莱、瀛洲、岱舆、员峤诸山，岱舆、员峤不幸沉没，"其山高下周旋三万里，其顶平处九千里"。由此可见大海的浩瀚。

我们的祖先面对着气势磅礴而又桀骜不驯的海洋，不免思绪万端，浮想联翩，于是就出现了关于"龙宫"的种种神奇的故事，在民间流传很广。晋朝（公元 420 年前）有个叫木华的人，写过一篇著名的《海赋》，其中关于"水府"即"龙宫"的一段描写，译成白话文是这样的："在龙宫里，有极深的庭院，有岛屿一般的巨龟，有高山一般的亭子。亭子劈开洪波，直指天空，举起磐石，各种神灵居住其间。和风轻轻吹来，一直到很南的地方才消逝。龙宫规模宏伟壮丽，一直延伸到很北的地方。在它的尽头，有各种珍宝、水怪、人鱼。玉石怪异，光辉夺目，鳞片、甲壳各放异彩，好像云锦纷纷飘到了河湾里，又像绫罗披到了螺蚌的壳上。炽热的炭火在燃烧，把龙宫照得通明……"

古代的中国人也用神话来寄托他们征服海洋的雄心，最为动人的故事莫过于"精卫填海"了。精卫原是上古时代姜姓部落首领炎帝的女儿，名叫女娃，在随炎帝出巡时失足于东海而溺死。以后她的灵魂化作一只大鸟，就是精卫鸟，每天衔西山的树枝、石子去填东海，想把东海填平。东晋时的大诗人陶渊明根据这个故事，曾写下这样的诗句："精卫衔微木，将以填沧海。"

精卫填海

在世界各地，也流传着许许多多有关海洋的神话。马来人的神话说，世界最初仅存在着一片向着混沌发射的光，这光散开后就成为巨大的海洋。海面上升起了浓雾和泡沫，大地和海就这样形成了。

北美迪埃格诺人的神话说，最早的时候不存在陆地，只有一片广袤的原始海洋，海下住着闭着眼睛的两兄弟。有一次，哥哥走出海面，四处望去除了水以外一无所有。跟着上浮的弟弟半途睁开了眼睛，眼睛立刻瞎了，只好再沉入海底。哥哥独自留在海面上，做了一些红色的小蚂蚁，这些小蚂蚁繁殖得非常多，把海水填实后就有了陆地。

古希腊盲诗人荷马在公元前8世纪至公元前9世纪所写的史诗《奥德赛》中说："我们靠着那暗淡的浪头伴送，美丽的卷发女神送来一阵顺风，它是航行者的良友，鼓满了帆篷。一会儿进入大洋的深渊，那里有金麦里亚人凄惨的市廛，永远覆盖着浓雾和烟云，阳光永远照不着那里的人民……。"在荷马的想象中，大地是一个类似盾形的凸面圆盘，以地中海为世界中心，环绕着大陆四周的是雾气氤氲的大洋河，太阳每天从东方的大洋河的水中升起，然后沉没于西方的大洋河水中。

当然，神话和传说只是人类认识海洋的一个侧面，人类对海洋的正确认识来源于对海洋的严肃的探索。

海洋探索者

古希腊哲学家泰勒斯（公元前624年—公元前565年）根据对水的循环的研究，提出了"水是万物之源"的观点，被尊为"自然研究之父"；他还应用直角三角形的原理，测量了海上船只到陆地的距离，此举轰动一时。泰勒斯的学生阿那克西曼德认为，原始地球是"一种海洋，它的水分由于太阳的热的作用而蒸发，逐渐干涸。"在公元前5世纪前后，古希腊哲学家恩培多克勒曾认为，"海洋，是如同地球汗水的盐水的集合体。"

古代海洋学之父亚里士多德

而以科学精神认识海洋的杰出代表，则首推公元前4世纪的古希腊学者亚里士多德。他在《气象学》一书中指出："由于太阳的热，从海面蒸发的水蒸气，再次凝结而形成降水，从而形成河川水、喷泉、地下水，这些水再次流入海中，以此反复循环。但总水量是不变的。"在其所著的《动物志》中，他至少记述了170多种海洋动物，包括110种鱼类以及海绵动物、腔肠动物、软体动物、节肢动物、棘皮动物和海洋哺乳动物，不少命名如"海绵"、"海豹"、"电鳐"等仍沿用至今。由于亚里士多德在海洋生物学、海洋气象、潮汐和波浪等方面的杰出贡献，他被后人称为"古代海洋学之父"。

挥桨扬帆寻蓬特

古今中外的海洋探险家，尽管所经历的航程和遭遇不同，但都有矢志不渝的信念和坚韧不拔的拼搏精神。他们不畏风浪，远涉重洋，历经无数艰难险阻，扩大了人们的视野，使人们对地球和海洋有了更多的了解，同时也为大规模地开发海洋奠定了基础。

迄今为止，有据可查的最早一艘风帆船是公元前3100年由埃及人制造的。有的历史学家根据众多的陶罐彩绘及岩雕画资料推断，埃及人发明风帆的年代应当在公元前6000年左右。这就是说，早在8000年前，古埃及人就已驾驶着他们独特的方帆船进出尼罗河、远航红海南部了。而通往蓬特国的探险航行，则是古埃及人航海史上具有代表性的探险活动之一。

世界上最早的挂帆船纹画(公元前3100年)

蓬特国位于埃及南面"海的两边"，埃及人称之为南方的"诸神之国"。这个国家对埃及人具有神秘的魅力，他们不仅渴望从蓬特国取回乳香、金属及其他物品，而且深信自己的祖先即来自蓬特。据学者考证，蓬特国位于现今非洲之角红海沿岸的某个地方，确切位置不得而知。早在公元前2500年以前，古埃及人对蓬特的航海探险及贸易活动便开始了。但留下的最早记录的是公元前2500年，斯尼弗鲁王派出的船队到达蓬特，除了带回乳香、没药、琥珀、金和黑檀木外，还带回了侏儒，将其安排在宗教仪式上或宫廷宴会时跳舞。可是在公元前2007年赫努船队探险之后，古埃及与蓬特的贸易联系便中断了几百年，乃至后来的埃及人不得不重新进行航海探险，以寻找古代的富庶之地——蓬特。

这次航海探险是在公元前 1500 年前后古埃及女王哈特舍普苏特时期进行的，是埃及对蓬特国历次探险中规模最大的一次，也是记载最详细的一次。

船队出海探险

当时女王有位名叫山姆特的大臣，从代尔拜赫里东北部的墓石碑文上，得到了有关赫努到蓬特国探险的资料，因此向女王建议，再次从事祖先曾经做过的探险活动，再寻蓬特国，开辟香料来源。可是岁月沧桑，去往蓬特国的路线早已失传，亦无法考证这个国家是否存在。大多数人都对这次探险是否可行持怀疑态度，但女王仍决定派船出航。

探险队由 20 艘船组成，由一个名叫奈西的官员带领，由苏丹奴隶划船。船队由红海西岸出发，沿红海南下。经历了难以想象的艰难困苦，船队在海上航行了十几个月，可是却一无所获。茫茫大海，不知蓬特在何处。船员们的信心开始动摇，失望的情绪笼罩着他们，他们对到达目的地已不抱任何希望了。

也许是埃及人不畏难险、舍身航海的精神感动了神灵吧，就在他们濒临绝望的时候，前方的海面突然出现了一个岛屿，岛上人影晃动，圆锥形的小屋错落隐现在椰林丛中。埃及人顿时兴奋起来，十几个月的疲惫一扫而光，现在他们终于看到了希望。

上岛后经过一番询问和查核，他们确信，这个小岛就是由长期以来探险者一直寻访的蓬特国所辖。现在，作为对古埃及人探险精神及所付出艰辛的报答，蓬特真实地呈现在他们面前了。

抵达目的地后，埃及船队在外港停泊，蓬特国王佩里胡举行仪式欢迎船队，并设宴款待奈西和他的船员。埃及人以玻璃珠、小刀、首饰等物品向蓬特人交换了大量的香树和其他宝物，包括黑檀木、象牙、黄金以及肉桂树、狒狒、猴狗和南方豹的皮毛等。埃及探险队还带回了几个蓬特人、国王佩里胡和王妃爱娓伊的肖像，然后循原路回到埃及。

在尼罗河和红海之间的代尔拜赫里神庙的一组壁画中，记载着这次远航的场面，描绘了蓬特国王和他的王妃、女儿及一群当地人一起欢迎埃及船队、双方互致问候以及埃及人向他们献上礼物的情景。

时光飞度，岁月流逝。古埃及人的蓬特探险，距今已有4000年了。他们的航程在今天看来也许是不足称道的，但在当时却是一件了不起的壮举，是人类征服海洋的勇气和能力的体现。他们的探索精神，他们扩大的贸易范围及开辟的海上航路，给后来的海洋探险作出了榜样。可以说，他们的航海活动是海洋探险史上的早期里程碑。

汉诺西越擎天柱

公元前2000年前后，生活在地中海和黎巴嫩山脉之间狭长地带的腓尼基人，用山上的巨大杉树造船，在地中海进行航海活动。公元前1500年前后，腓尼基人就已航行到波斯湾进行交易。

公元前609年，腓尼基人奉埃及法老尼科二世之命，组织了一支3艘木船50把大桨的探险船队，想了解一下地中海以外的世界究竟是什么模样。船队从苏伊士港启航，驶出红海，顺着非洲东岸一带南下航行，绕过非洲南端的风暴角，航行了2万多千米，终于从一条狭小的海峡驶进了地中海返回埃及，完成了历时3年绕非洲航行一周的航海壮举。这是迄今所知人类第一次大规模的远航。尽管探险者本身并无任何文字记载，当时人们也没能从中得到有关海洋的理性认识，但它谱写了人类海洋探险史上的新的一页。

腓尼基人的船

据传说，希腊神话中的英雄海格立斯，为完成一项艰难的使命，从地中海向阴间驰去时，在直布罗陀海峡两岸的峭壁上各竖立了一根擎天巨柱，人们称为"海格立斯擎天柱"。由于这两根巨柱所在的直布罗陀海峡，在当时被认为是世界西边的尽头，故古代地中海沿岸居民都把矗立在峭壁上的这两根巨柱作为支撑世界的基点。虽说在古代历史上敢于通过这两根巨柱向西进入大西洋的探险者不乏其人，但是几千年间真正能够取得成功的，大概只有腓尼基人汉诺和希腊人皮西厄斯这两个人了。

公元前470年前后，出现了一次规模庞大的海上探险航行。在腓尼基商船队长汉诺的指挥下，一支由60条船3万名船员组成的不寻常的船队，迎着从大西洋涌向地中海的寒冷潮水，抱着在非洲建立新殖民地的梦想，从突尼斯海岸的迦太基城出发，向西通过了神秘的海格立斯巨柱，然后紧挨着海岸航行。

船队驶出直布罗陀海峡后曲折向前，绕过非洲的西北角，再向南航行。两天之后，一个名叫提梅特利翁的新殖民城市便在摩洛哥的塞布河畔建立了。但汉诺并未在此停顿，船队扬帆南下，不久又在地势险要的一个海峡附近建立了一座奉献给海神波塞多的神庙。接着他们在不到 50 千米远的海面上发现了一个长满了高大芦苇的环礁湖。在这片芦苇丛中有许多野生动物，一群大象正在那里悠闲地觅食。

汉诺的船队每到一处为后来的移民留下必要的生活用品和几条船后便不再多管，用这种方法他们迅速在非洲西北海岸上先后建造了6座殖民城市。在继续向南航行的途中，他们依据前方地平线上闪烁的微光判定，前面是一片广阔的沙漠地带，这片沙漠正是撒哈拉大沙漠。汉诺一行人在利克索斯河口补充淡水时，遇到了非洲的游牧民族。他们和土著人交上了朋友，并且在那里休整了一段时间。

汉诺挑选了几个土著人到船上当翻译，然后用了 9 天时间绕过撒哈拉大沙漠。这时船队的方向也由向南转为向着日出的方向航行。他们在一个海湾深处占领了一个名叫克尔内的小岛，据说现今有个海湾内也有个名叫赫尔内的小岛，可能就是汉诺当年发现的那个小岛。那个海湾，被命名为奥德奥罗河港。

腓尼基人金币

现在，船队已经沿非洲西海岸向南航行得很远了，还可以继续向南航行吗？不少人想返航，可汉诺考虑到自己还有好几艘船和较多的给养，就放弃了返航回到迦太基的计划，继续向南航行。对汉诺来说，这种对非洲沿海带有冒险精神的考察比建立殖民城市更让人着迷。

此后不久，船队沿着新发现的一条大河逆流而上，在这条既长且宽的大河中有着许多鳄鱼和河马，令人不寒而栗。由于当地"野人"的驱赶，汉诺一行不得不放弃深入内陆的念头，重新退回河口，继续向前航行。经过 12 天的海上漂泊，汉诺的船队已经绕过了佛得角，驻扎在森林密布的群山下面。

以下是汉诺的游记中关于他们探险航行的最后几天的描述——

"我们行驶两天后到了一个大海湾（可能是冈比亚河口湾），岸上一片平原，入夜可见远近各处火光烛天，火势时大时小（可能是干燥季节见到的野火）。

"我们补充淡水后又贴海岸航行，5 天后又到了一个大海湾，我们的译员称之为'西方之角'（可能是今几内亚比绍的热巴河河口）。这里有一大岛，岛内有大片似海的水域，内中又有一岛（可能是指比热戈斯群岛）。我们在此上岸，白天仅见遍地森林，到夜间则到处火光熊熊，笛声、铙钹声、鼓声和呼声不绝于耳。我们感到胆战心惊。我们带来的仆人劝我们离开这座岛屿。

"我们随即扬帆出海，贴岸航行。经过一片炽热地带，这里灌木丛丛，芳香扑鼻，滚滚的急流由此泻入大海。大地是如此酷热，使我们难以张目向岸上观望。由于胆怯，我们迅速离开，漂流了 4 天，夜间见岸上遍地篝火，其中最大者烛立于半空之中，几与群星相接。天明时则显示为一巍峨高山，我们称其为'众神之车'（估计是今塞拉利昂的卡库利马山）。

"越过这些滚荡的激流，两天后，我们到了一个称之为'南方之角'的海湾（可能是舍布鲁湾）。这里也有一个岛中之岛，岛上尽是野人，大部分是遍体长毛的妇女，我们的译员称之为大猩猩。我们曾想捕捉一些男人，但无法捉住，因为他们或者攀岩逃跑，或者掷石头拒绝。我们曾捉到 3 名妇女，但她们又咬又抓，不肯随行。

"现在，储备的食物已经吃完，我们已无法继续向前航行。"

以上几段是汉诺游记中叙述得较为生动的部分。尽管他的游记中所提供的资料非常有限，而且有的地方含糊不清，但如同一些历史学家所确认的那样，汉诺已经航行到了几内亚湾，甚至可能到达喀麦隆。而且更重要的是，在从公元前5世纪中叶到其后的近2000年的时间里，还没有另外一个欧洲探险家沿非洲西海岸向南航行得如此之远。

皮西厄斯勇闯天涯

公元前5世纪，古希腊历史学家希罗多德写过一本书，介绍当时世界各国的情况。在谈到遥远的欧洲西部时，他承认自己知道得不多，只知道传说那里有一条名叫波江的河，向西北方向流去，然后注入大海，西面可能有个廷恩岛。希罗多德还说，他从未遇到过一个曾见过欧洲西北部海洋的人，但他承认那里锡和琥珀的买卖做得不错，这些货物从遥远的地球边缘运到希腊，可它们究竟产于何地却是一个谜。

希腊人皮西厄斯探险

100年以后，在古希腊的殖民地马萨利亚，也就是现在的法国马赛，出了一个有名的天文学家和地理学家皮西厄斯。他决心出海远航，去寻找那个希罗多德知道得很少的问题的答案。

马赛是在公元前600年由来自伊奥尼亚群岛的希腊人建立起来的，后来这个天然海港城市的兴旺发达，均出于当地居民杰出的驾驭海洋的能力。在此成长的皮西厄斯对天文、数学和海洋有着浓厚的兴趣，进行了许多实验，比如观察太阳和北极星，并且发现了月球对潮汐的影响。这些研究使他掌握了初步的航海知识和技术，他相信自己有能力去冒这个风险，驶入地图上没有标明的海洋，去寻找世界西方的边缘。后来，皮西厄斯将他的远航探险经过以及在探险途中遇到的奇闻怪事，都记入一本名叫《海洋》的书里。

遗憾的是，这部曾引起过广泛轰动并被很多古代科学家引用过或提起过的书没能保存下来，因而后来的大多数人并不相信皮西厄斯的探险活动，认为《海洋》中的许多神奇描述是"无稽之谈"。不过，从历史学家的研究和记载中，有人将那些零零碎碎的只言片语衔接起来，使之重新大放异彩，从而再现了皮西厄斯那精彩纷呈的探险见闻。

公元前240年的暮春，皮西厄斯乘坐着一艘重约100吨的商船由马萨利亚港出发，指挥着25名水手和一个领港员开始了他的海上探险生活。马萨利亚的居民们对这位讲究实惠的海员、天文学家和地理学家的北方之行寄予了厚望，他们相信皮西厄斯会利用他那天才的计算和观测能力驶向正确的航向。

皮西厄斯的船向西贴着海岸航行。尽管迦太基人封锁了直布罗陀海峡，皮西厄斯好像没有遇到什么困难和风险就来到了欧洲西部的海格立斯巨柱。展现在他们面前的是一脉高峻的山峰和一堵拔地而起几乎遮蔽了半边天的巨大岩石，皮西厄斯利用苍茫的暮色开始了偷越海峡的冒险行动。天刚微亮，他们的船就成功地越过了海格立斯巨柱，驶向了大西洋汹涌的波涛。

皮西厄斯越过海峡后，沿西北方向航行，一帆风顺地抵达西班牙的加的斯。5 天以后，他们在葡萄牙的圣维森提角开始向正北方向航行。皮西厄斯用星盘测量纬度，以保证船的位置始终在北纬 43 度，在航行到离马萨利亚大约 600 多千米的地方时，发现伊比利亚原来是一个紧靠比利牛斯山那几百千米的狭长地段与欧洲大陆相连的半岛。

皮西厄斯的船以每天航行 80 千米的速度，沿着法国草木葱翠的大西洋沿岸缓慢地航行。在法国卢瓦尔河河口的圣纳泽尔港补充了食物和淡水后继续向前，到了法国最西面的韦桑岛，皮西厄斯决定离开海岸向北驶向大洋，也就是向现在英国的康沃尔半岛西部驶去。当时的希腊人认为，这里就是地球的边缘。皮西厄斯在离开欧洲大陆向北方海域航行的时候，不无惊异地发现，在北方的高纬度地带，夏天的白昼竟延续了整整 16 个小时！

皮西厄斯离开法国海岸几天后，便来到了聚居着黑发高额的凯尔特人的大不列颠岛，受到了热情的接待。关于英国，皮西厄斯是这样描述的：在这个人们并不知晓的海岛上，气候潮湿而寒冷，岛上的居民异常好客，"民风淳朴，人们不喝葡萄酒，喝的是用大麦发酵做成的饮料"，岛上有许多王国，王国之间和睦相处，就如天堂一样。他还实地参观了康沃尔锡矿，亲眼目睹了锡是怎样从矿石中提炼出来，然后熔化铸成锡锭的。这些锡锭被运到一个名叫伊帝斯的岛上，从当时的记载来看，这个岛好像是现在的圣米迦勒山。

皮西厄斯在不列颠岛逗留了多长时间，他对英国的了解究竟有多详细，这些还是一个谜。但有一点可以肯定。皮西厄斯并没有就此中止，他指挥他的探险船从康沃尔半岛西部出发，继续沿着英国海岸线向北航行。在航行中，当他们看到苏格兰沿岸由葱郁的森林、火红的石楠和柔绿的青草逐渐转变成一堵堵光秃秃的岩面时，他们知道自己离欧洲大陆已越来越远了。

一路上，尽管遇到了寒冷的海水和灰濛濛的天气，以及不断遭受狂风和高达 20 米的巨浪的冲击，使船只走得很慢，但经过艰苦的搏斗，皮西厄斯先后抵达了奥克尼群岛和设得兰群岛，最后在设得兰群岛最北部的安

海洋探索者

斯特岛停泊休整。正是在这里，皮西厄斯依据他那天才的演算能力推算出一个惊人的结果——他们是在北纬60度的方位上！整个欧洲大陆的形状就像一个三角形，北边那个角离马萨利亚有1000海里，这在当时是一个很精确的计算。安斯特岛的白昼竟长达将近19个小时，这使皮西厄斯自己都感到有些吃惊。

人类对海洋的开发

皮西厄斯曾进入前所未知的北极海域

皮西厄斯从安斯特岛的牧人那里得知，在离苏格兰很远的北方有一个名叫"图勒"的地方，那是一片广阔的土地，当地人称为"太阳的安息之所"，也就是世界的尽头。皮西厄斯显然对此极为向往，他以过人的智慧和勇气率探险船继续向北开去，6天后终于抵达了最后的目的地——图勒。这里的一天只有两三个小时见不到太阳。在这里，皮西厄斯和其他的人不仅观察到"午夜太阳"的壮观景象，还提到了岛上"高大的山峰"和"永远燃烧不熄的烈火"。这块充满神奇色彩的地方究竟是冰岛还是挪威的某个岛屿，目前还没有定论。但尽管如此，也许是受到他这次探险发现的影响，后来的作家和诗人都把遥远的地方和地球的终点叫做"图勒"。

据皮西厄斯的描述，在距图勒有一天航程的北方，还有一块神秘的陌生土地，那里既不像陆地，也不像海洋，而是介于两者之间的"一个区域，那里既无所谓地，也没有海和天空，只有由三者混合成一体的像水母似的东西，其中的陆地和海洋则悬浮在由全部元素组成的某种化合物之中，人在上面不能行走，船在上面也不能航行。"这段长期以来被作为"谎言"看待的文字是皮西厄斯在返航前继续向北前进了90海里后所见所闻的记述。那么，那里是不是北极圈附近临近冰封的海洋呢？据后来的北极探险家南森说，皮西厄斯当年看到的可能是一层碎裂的浮冰，而不会是真正的北极冰原。但皮西厄斯一行进入了前所未知的北极海域，则是确信无疑的。

早秋时节，皮西厄斯正式踏上了回航之路。他先在一个大海湾附近找到了一个产琥珀的岛屿，然后可能重返英国东南海岸，也可能绕着日德兰半岛航行，再后来的探险详细经过不得而知。但是可以认为，皮西厄斯在返航途中又发现了不少像琥珀岛这样的商品产地，最后顺利返回到他们的出发地——马萨利亚港。据推测，皮西厄斯的北大西洋探险考察活动，大约航行了 11200 千米。

在随后的几百年里，由于迦太基人加强了封锁，更由于很少有人相信确实存在着一个像皮西厄斯所描绘的那样荒无人烟且天昏地暗的神奇之地，人们并没有把皮西厄斯说的"照耀着午夜太阳的国土"放在心上。反正在皮西厄斯之后的很长一段时间里，没有别的探险家前往北方海域探险。

尽管许多人不相信皮西厄斯的探险活动，但也有一些有识之士对皮西厄斯的游记给予了充分的重视，认为皮西厄斯的北方之行是最早的海洋科学探险考察，即使是在地理学方面取得较高成就的希腊人面前，皮西厄斯也是出类拔萃的。比如他在航海中最早记载了浮游生物现象，了解了前所未知的硅藻的胶状现象，测量了地理纬度，在英国沿海对潮汐现象进行了观测，发现了月球与潮汐的关系，在北极圈附近进行了 24 小时的昼夜连续观测，测量了纬度和地磁偏差，此外还绘制了公元前 300 年北起冰岛东至锡兰（现在的斯里兰卡）的世界地图，这在当时都是值得称赞的。

在皮西厄斯所处的年代，关于海洋和北极的知识真是少得可怜。人们对大西洋的北方水域一无所知，只熟悉气候温暖的地中海，以为这就是海洋的全部。他们无法相信海面上漂浮着巨大冰块是什么样子，更无法理解更北面的海域是全封冻的冰原，而且太阳整日不落。然而，皮西厄斯没有被古希腊关于地球的边缘这一错误概念所迷惑，而是决心去探测明白，所

海洋探索者

谓地球边缘的那一边究竟还有些什么。正是在一无地图二无罗盘的情况下，他指挥的船只勇敢地向未知的世界驶去，把人类有关北极圈的知识大大推进了一步。也由于他的过人的勇气和坚强毅力，使他成为人类历史上海洋探险的先驱者之一。

郑和七下西洋

海洋深邃博大，海洋变幻莫测，海洋美丽富饶，她深深地吸引着人们。多少年来，人们对海洋的探索始终没有停止过。古今中外有多少探险家、科学家为了开辟新的航道，为了寻找新的大陆，为了揭示海洋中的一个又一个谜团……以惊人的毅力克服艰难险阻探索海洋，为人类了解海洋、开发海洋作出了巨大的贡献。

郑和自永乐三年（1405）至宣德八年（1433 年），前后 28 年间，曾奉命率领庞大的舰队七下西洋，经东南亚、印度洋最远到达红海与非洲东岸，到达亚非 30 多个国家和地区，与所到之处建立了和平友好关系，进行了物资文化交流，发展了我国与亚非各国互惠互利的国际贸易。

郑和船队驶向印度洋

郑和的船队有宝船、战船、粮船、马船、坐船等大小船只共 200 余艘，人员 27800 余人。其中巨船有 60 艘，大船长 147 米，宽 60 米；中等船长

123米，宽50米。郑和下西洋比哥伦布等人的航海探险早八十余年至百余年，其航程远、历史久、船舶数量多，吨位大、船员众多、气势雄伟，组织严密，都是哥伦布和麦哲伦等人的探险无法相比的。

郑和在航海中绘了详尽的海图，使用罗盘指向、牵星板测天定位等航海技术，开辟了多条贯通大洋的亚非国际航线，为世界航海事业大发展立下了丰功伟绩，显示了中国人在造船、

郑和七下西洋线路示意图

航海等方面的高超技术，是世界航海史上的壮举，代表了当时世界航海事业的最高峰，证明当时中国在世界航海事业中居于领先地位，同时也反映了当时中国作为一个封建统一的国家在政治、经济、文化上所取得的成就。

郑和七下西洋加强了中国与亚、非沿海各国的联系和交流。亚、非许多国家的人民都非常怀念中国友好的使者三宝太监郑和。至今，一些亚、非沿海国家还保留着许多有关郑和的遗迹。在印度尼西亚的爪哇岛上有三宝垄市和三宝公庙。在泰国有三宝庙和三宝塔。在斯里兰卡首都科伦坡的博物馆里还珍藏着郑和当年建立的石碑。

哥伦布发现新大陆

克里斯托弗·哥伦布（1945－1506年）是意大利著名航海家，是地理大发现的先驱者。哥伦布年轻时就是地圆说的信奉者，他十分推崇曾在热

人类对海洋的开发

意大利航海家哥伦布

那亚坐过监狱的马可·波罗，立志要做一个航海家。

他在1492～1502年间4次横渡大西洋，发现了美洲大陆，也因此成为名垂青史的航海家。

1492年8月3日，哥伦布受西班牙国王派遣，带着给印度君主和中国皇帝的国书，率领"圣玛丽亚"号、"尼尼亚"号、"平塔"号三艘帆船驶离西班牙帕洛斯港。这支船队由87人组成，哥伦布同时担任"圣玛丽亚"号船长。这

年12月，哥伦布的船队驶过了大西洋，到达美洲的加勒比海，登上古巴、海地等岛，于1493年3月15日返回西班牙帕洛斯港。此后他又一次重复他的向西航行，又登上了美洲的许多海岸。

哥伦布的远航是大航海时代的开端。新航路的开辟，改变了世界历史的进程，它使海外贸易的路线由地中海转移到大西洋沿岸。从那以后，西方终于走出了中世纪的黑暗，开始以不可阻挡之势崛起于世

西班牙马德里哥伦布纪念碑

界，并在之后的几个世纪中，成就海上霸业。一种全新的工业文明成为世界经济发展的主流。

欧印航线的发现者——达·伽马

瓦斯科·达·伽马是 15 世纪末 16 世纪初葡萄牙航海家，也是开拓了从欧洲绕过好望角通往印度的地理大发现家。由于他实现了从西欧经海路抵达印度这一创举而驰名世界，并被永远载入史册！

在达·伽马的探险船队中，两艘主要船只"圣加布里埃亚"号和"圣拉斐尔"号是在有丰富航海探险经验的迪亚士监督下建造的。1497年 7 月 8 日，瓦斯科·达·伽马奉葡萄牙国王曼努埃尔之命，率领四艘船共计 140多名水手，由首都里斯本启航，踏上了探索通往印度的航程。

1502 年 2 月，瓦

葡萄牙航海家达·伽马

海洋探索者

斯科·达·伽马再度率领船队开始了第二次印度探险，目的是建立葡萄牙在印度洋上的海上霸权地位。当达·伽马完成第二次远航印度的使命后，得到了葡萄牙国王的额外赏赐，1519年受封为伯爵。1524年，他被任命为印度副王，同年4月以葡属印度总督身份第三次赴印度，9月到达果阿，不久染疾，12月死于柯钦。

为了垄断葡萄牙与东方之间的贸易利益，葡萄牙王室曾一度对欧洲各列强封锁了绕过好望角可达到印度的消息。另一方面，葡萄牙王室又秘密策划了对印度洋上其他航路的封锁。为此，它发动了一场对阿拉伯人的海战，于印度洋上打败了阿拉伯舰队。一时间，葡萄牙船队独霸于印度洋海域。

由于新航路的发现，自16世纪初以来，葡萄牙首都里斯本很快成为西欧的海外贸易中心。葡萄牙、西班牙等国的商人、传教士、冒险家云集于此，从此起航去印度、去东方掠夺香料、珍宝和黄金。这条航道为西方殖民者掠夺东方财富而进行资本的原始积累带来了巨大的经济利益。无怪乎西方人直至400年后的1898年，仍念念不忘达·伽马对开辟印度新航道的贡献而举行纪念活动。

达·伽马航行示意图

然而必须指出的是，新航道的打通同时也是欧洲殖民者对东方国家进行殖民掠夺的开端。在以后几个世纪，由于西方列强接踵而来，印度洋沿岸各国以及西太平洋各国相继沦为殖民地和半殖民地。达·伽马的印度新航路的开辟，最终给东方各国人民带来了深重的民族灾难。

环球航海的先驱——麦哲伦

费尔南多·麦哲伦，世界航海家之一，葡萄牙人，1480 年出生于一个贵族家庭。1519 年 9 月 20 日，麦哲伦在西班牙国王的资助下，率领一支由 5 艘帆船共计 266 人组成的探险队，从西班牙塞维利亚港起航，开始了他名垂青史的环球航行。麦哲伦率领船队向西航行，渡过大西洋到达南美洲火地岛，历经千辛万苦，穿过麦哲伦海峡进入太平洋。这时船

麦哲伦——葡萄牙航家

队已处于缺粮断炊的艰难境地，水手们忍饥挨饿，用桅杆上的皮带充饥，但船队始终前进不止。在途经菲律宾群岛时，探险队与岛上的土著人发生冲突，麦哲伦受伤身亡。最后，这支船队只剩下一艘船，这艘船取道南非驶抵西班牙，实现了从西方向西航行到达东方的计划，于 1522 年 9 月 6 日返回西班牙塞维利亚港，完成了历时 3 年的环球航行。麦哲伦船队的环球

海洋探索者

航行，用实践证明了地球是一个圆体，不管是从西往东，还是从东往西，毫无疑问，都可以环绕我们这个星球一周回到原地。

这在人类历史上，永远是不可磨灭的伟大功勋。

第一个证实北极是海洋的探险家——南森

弗里德约夫·南森是挪威的一位北极探险家、动物学家和政治家。他由于1888年跋涉格陵兰冰盖和1893～1896年乘"弗雷姆"号横跨北冰洋的航行而在科学界出名。

挪威北极探险家——弗里德约夫·南森

1887年，南森提出用雪橇进行横跨格陵兰冰盖的考察规划。但是挪威政府拒绝提供资金。后来他从一个丹麦人那里获得了财政支援，便开始执行他的计划。1888年5月，南森在5个同伴的伴随下离开挪威。由于冰的状况，考察组在靠岸之后遇到了相当大的困难。8月6日他们开始由东向西艰苦地行进。10月上旬，南森到达格陵兰西海岸上的戈德撒泊村。但是因为最后的一班轮船已经起航，所以他们不得不在那里过冬。

格陵兰考察成功之后，南森为他下一次探险——利用浮冰群漂浮横跨北冰洋所进行的

人类对海洋的开发

筹款活动遇到的困难大为减少。南森利用那些大部分由私人捐助的资金建造了一艘船，并给该船取名为"弗雷姆"。1893 年 6 月 24 日，南森带着 12 个同伴启程，又一次向北冰洋进发；9 月 22 日，"弗雷姆"号到达切柳斯金角东北方向的北纬 78°50′、东经 133°31′的冰区。在漂浮过程中，南森通过计算发现这条路不能使该船跨过北极。因此，在 1895 年春天南森带着一个同伴离船乘雪橇向北极前进，行至北纬 86°14′时，被一片无法通过的开阔水域挡住了去路，只得回到船上。南森虽然没有到达北极点，但却创下了北进的最高记录，第一次证实北极区是一片海洋。

在 3 年多的漫长漂流和航行中，南森率领的探险队尽管历尽艰辛，但竟无一人损失，这在航海史上是个奇迹。另外，南森还在海洋学仪器的设计、风生洋流的解释和北方水域水层形成的方式等多方面的研究中作出了贡献。

海洋考察时代

18、19 世纪，近代海洋科学考察开始兴起。18 世纪以后的海洋探险逐步展开对海洋环境和资源的初步观测，如测温、测深、采水、采集海洋生物和底质样品等，因而称之为海洋考察更确切。但这一阶段的海洋考察，其研究

"挑战者"号的航行是第一次对海洋进行全面的研究。

内容是零星的，涉及的海洋空间也是局部的。直到 17 世纪人们还普遍认为只有表面海水是咸的。1673 年，波义耳发表了他研究海水浓度的著名论

文，指出所有深度的海水都含有盐分，从而改变了当时认为只有表面海水是咸的流行看法。1772 年，拉瓦锡通过化学分析，发现海水中含有多种碳酸盐、钠盐、镁盐等成分。到 1865 年，人们已经从海水中分析出了 27 种元素。

人类对海洋的开发

用塔纳声波定位仪探测海洋的深度

18 世纪，著名的库克船长进行了三次探险航行。他在南太平洋发现了社会群岛，并到过南极圈以南和白令海。他是第一个精确测量经纬度的探险家。1839~1843 年，英国人罗斯爵士领导了著名的环绕南极的探险航行。当他航行到南大西洋时，用绳子测得了 4432.9 米的深度记录。罗斯也因此被称为大洋精确测深第一人。在 19 世纪，进行海洋测深的器具主要是麻绳和铅锤。麻绳的伸缩性较大，影响测深精度，所以，后来麻绳又被钢丝绳所替代。1854 年，美国海军见习官布鲁克发明了可以精确确定重锤触底时刻的装置（即在测深的末端加上能分离的重物，当绳端触底时自动脱落），从此以后，测深的精确性才有了保证。这种比较原始的测深方法，在几千米深的大洋每测一次深度就得花几小时，所以直到 1923 年全世界仅仅积累约 1.5 万个大洋测深记录。由于缺乏深海抛锚技术，大洋测流比测温和采水更困难。因此，深海直接测流的资料很少，当时主要利用航海日记资料来了解海流知识。据此，弗兰克林 1770 年发表了湾流图。从 19 世纪 40 年代开始，美国海军军官默利广泛收集了以往的航海日记资料，编纂出版了大西洋海面风场和海流图，于 1855 年出版了《海洋自然地理》一书。书中他对所编的风场和流场做出了解释。他根据海洋中温度和盐度不均匀的事实认为，密度差异是形成海流的一个原因。该书被公认为当时海洋学的一本重要著作。除了测深以外，人们还对测温进行了探索。西克斯发明了一种老式温度计，它可对最高、最低温度进行测量，以此可以测量海水表面以下的水温。俄国"希望"号和"涅瓦"号于 1803 ~1806 年环球航行中所用的就是这种温度计。当时测温的最大深度为 336 米；到 19 世纪 40 年代，测温深度已经超过 2000 米；到 19 世纪 60 年代末已达到 4000 米。通过当时多次的温度观测，发现大洋温度随深度逐渐降低，水温在深层降到 1℃ 左右，在高纬地区的深层可达到 0℃ 左右。这样，长期流传的认为大洋深处充满 4℃ 海水的错误观点被摒弃了，并且初步揭示了海洋温度空间变化的复杂性。1874 年，英国人制成了颠倒式温度计，这是海洋测温技术的重大革新，它大大提高了海洋测温的精度。现代的颠倒温度计就是在此基础上改进而成的。

　　对海洋生物资源的研究，直到 19 世纪初才比较快地发展起来，而且主要限于浅海和大洋表层的生物采集和分类。1840 年，福布斯首先开始了海洋生物与环境关系

"挑战者"小组研究人员

的研究。他发现生物种类随深度增加而不断减少，提出在海面 600 米以下

没有动物存在。这样的论点在当时是很自然的，因为既然深层海水被认为是停止不动的，其溶解氧将因得不到补充而消耗殆尽；另外估计动物也难以承受深层海水的高压环境。人们在相当长的时间内对福布斯的观点深信不疑。后来由于多次从海洋深处发现动物，他的这种论点才开始动摇。在其后 30 多年，由于"挑战者"号环球考察的成功，才使大家最终放弃了这个错误观点。

在"挑战者"号船上实验室，科学家在显微镜下观察微生物

有系统、有目标的近代海洋科学考察是由"挑战者"号科学考察船创始的。1872～1876 年英国皇家学会组织了"挑战者"号，开始了在大西洋、太平洋和印度洋历时 3 年 5 个月的环球海洋考察。"挑战者"号为三桅蒸汽动力帆船，船长 68.9 米，2300 吨级，由皇家海军军舰改装而成，共有 243 名船员、6 个科学家组织参加，由汤姆森爵士领导，是人类历史上首次综合性的海洋科学考察。这次考察活动是第一次使用颠倒温度计测量了海洋深层水温及其季节变化，采集了大量海洋动植物标本和海水、海底底质样品，发现了 715 个新属及 4717 个海洋生物新种，验证了海水主要成分比值的恒定性原则，编制了第一幅世界大洋沉积物分布图；此外还测

得了调查区域的地磁和水深情况。这些调查获得的全部资料和样品，经76位科学家长达23年的整理分析和悉心研究，最后写出了50卷计2.95万页的调查报告。他们的成果极大地丰富了人们对海洋的认识，从而为海洋物理学、海洋化学、海洋生物学和海洋地质学的建立和发展奠定了基础。

"挑战者"号环球海洋考察极大地提高了人们对海洋的兴趣。此后，德国、俄国、挪威、丹麦、瑞典、荷兰、意大利、美国等许多国家都相继派遣调查船进行环球或区域性海洋探索性航行调查。第一次世界大战以后，海洋学研究开始由探索性航行调查转向特定海区的专门性调查。1925～1927年德国"流星"号在南大西洋进行了14个断面的水文测量，1937～1938年又在北大西洋进行了7个断面的补充观测，共获得310多个水文站点的观测资料。这次调查以海洋物理学为主，内容包括水文、气象、生物、地质等，并以观测精度高著称。这次调查的一项重大收获是探明了大西洋深层环流和水团结构的基本特征。另外，第一次使用回声探测仪探测海底地形，经过7万多次海底探测，结果发现海底也像陆地一样崎岖不平，从而改变了以往所谓"平坦海底"的认识。

1947～1948年瑞典的"信天翁"号调查船的热带大洋调查，被海洋学家誉为"近代海洋综合调查的典型"。此次调查历时15个月，总航程达13万千米，在大西洋、太平洋、印度洋、地中海和红海共布设测点403个，重点在三大洋赤道无风带进行，主要是热带深海调查和深海底的地质采集。经过长达10多年对全部探测资料和沉积物岩芯样品的整理和计算分析，最后出版了《瑞典深海调查报告》10卷36分册。据统计，从18世纪到20世纪50年代，全世界共进行了300次左右单船走航式的海洋调查。通过这一系列调查，人们获得了对世界大洋及一些主要海域的温度和盐度分布、大型水团属性及海底地形的轮廓性认识。

海洋探索者

全球海洋合作与开发

海洋合作时代的来临

人
类
对
海
洋
的
开
发

2-D海流计

20世纪50年代以后，由于海洋在战略上和经济上的重要意义日益为人们所认识，世界上相继建立了不少与海洋有关的国际机构，如海洋研究科学委员会、联合国教科文组织政府间海事委员会等。国际机构多次组织了规模宏大的国际活洋联合考察，如1955年由美国、日本、苏联、加拿大等同参加的"国际北太平洋合作调查"等。在1957～1958年国际地球物理年中，成功地进行了全球合作的海洋观测调查，这项规模空前的海洋调查由17个国家的70多艘船只参加，重点观测区是南极和北极地带、赤道地区。之后，成立了世界海洋资料中心，海洋研究进入了新的发展阶段。20 世纪 60 年代，国际海洋联合考察的次数越来越多，其中最主要的有 1960～1964 年"国际印度洋调查"、1963～1965 年"国际赤道大西洋合作调查"、1965 年夏季开始的"黑潮及邻海区合作调查"、1968 年开始的"深海钻探计划"等。在这国际印度洋考察中，使用了精密回声测声仪、电导盐度计等新型测量仪器和测定海洋生物生产力的新方法等，以划时代的观测精度，出色地完成了观测任务，发现了一系列的新海山、南纬 15 度附近冷涡、群岛上升流渔场等。在黑潮合作调查中，由日本、美国、苏联、中国、菲律宾、越南、泰国、马来西亚、印度尼西亚、澳大利亚、新西兰等国参加，发现了黑潮的起源及其分支、热带逆流，制成了用以水质化学分析的标准海水。

1971～1981 年进行的"国际海洋考察十年"计划是整个 70 年代国际海洋联合调查的主体，由美国、英国、法同、苏联、日本、加拿大等 30 多个国家参加，整个计划包括海洋环境调查、资源调查、地质学和物理学调查。与此同时，高速发展的现代科学技术，特别是计算机技术、深潜技术、声学和光学技术，以及遥感技术在海洋研究中的应用，使人类认识海洋的能力空前提高，成为现代海洋科学发展的关键。目前，各种性能的调查船和卫星、飞机、海洋浮标、水下实验室、潜水器等相结合，已经形成了从大空、海面到海底的立体海洋监测体系。

高新技术的应用

现代高新技术的应用已经使海洋仪器向着精确、灵敏、长期和高效的方向迅速发展。20 世纪 60 年代初期，相当精密的温度、盐度、深度连续记录仪已经广为使用，后来，在此基础上又发展为更精密的温盐密度仪和自由降落式温盐微结构仪，其深度分辨率分别可达到 1 米和 1 厘米量级。用声学方法现已能测每秒毫米级的弱流，并能测量湍流的微结构。目前常用的海洋浮标，可以上测近海面大气的风速、风向、气温、湿度和气压等气象要素，下测各层海水的物理、化学等海洋要素，有的还可自动升降，作剖面观测。所观测到的信息可由其资料处理系统立即处理、存储和传递。传递的方式或直接发向岸台，或由卫星中转。另外，在导航系统、海洋地质钻

多管海底地质取样

探、深潜技术、浮游生物采集和海水分析技术方面，都有长足进步。因此，通过最近几十年的调查研究，人们对海洋的认识也越来越全面而深入，对海洋资源的了解越来越深刻。

人类对海洋的开发

水下机器人

水下机器人

无人遥控潜水器，也称水下机器人。它的工作方式是由水面母船上的工作人员通过连接潜水器的脐带提供动力，操纵或控制潜水器，通过水下电视、声呐等专用设备进行观察，还能通过机械手，进

行水下作业。目前，无人遥控潜水器主要有：有缆遥控潜水器和无缆遥控潜水器两种，其中有缆遥控潜水器又分为水中自航式、拖航式和能在海底结构物上爬行式三种。

特别是近 10 年来，无人遥控潜水器的发展非常快。从 1953 年第一艘无人遥控潜水器问世，到 1974 年的 20 年里，全世界共研制了 20 艘。特别是 1974 年以后，由于海洋油气业的迅速发展，无人遥控潜水器也得到飞速发

深海摄像照相

展。到 1981 年，无人遥控潜水器发展到了 400 余艘，其中 90% 以上是直接或间接为海洋石油开采业服务的。1988 年，无人遥控潜水器又得到长足发展，猛增到 958 艘，比 1981 年增加了 110%。这个时期增加的潜水器多数为有缆遥控潜水器，大约为 800 艘上下，其中 1420 余艘是直接为海上油气开采用的。无人无缆潜水器的发展相对慢一些，只研制出 26 艘，其中工业用的有 8 艘，其他的均用于军事和科学研究。另外，载人和无人混合潜水器在这个时期也得到发展，已经研制出 32 艘，其中 28 艘为工业服务。

无人有缆潜水器的研制开始于 70 年代，80 年代进入了较快的发展时期。1987 年，日本研究成功深海无人遥控潜水器"海鲀 3K"号，可下潜 3300 米。研制"海鲀 3K"号的目的，是为了在载人潜水之前对预定潜水点进行调查，供专门从事深海研究的；同时，也可利用"海鲀 3K"号进行海底救护。"海鲀 3K"号属于有缆式潜水器，在设计上有前后、上下、

左右三个方向各配置两套动力装置，基本能满足深海采集样品的需要。1988 年，该技术中心配合"深海 6500"号载人潜水器进行深海调查作业的需要，建造了万米级无人遥控潜水器。这种潜水器由工作母船进行控制操作，可以较长时间地进行深海调查，总投资为 40 亿日元。日本对于无人有缆潜水器的研制比较重视，不仅有近期的研究项目，而且还有较大型的长远计划。目前，日本正在实施一项包括开发先进无人遥控潜水器的大型规划。这种无人有缆潜水器系统在遥控作业、声学影像、水下遥测全向推力器、海水传动系统、陶瓷应用技术水下航行定位和控制等方面都要有新的开拓与突破。

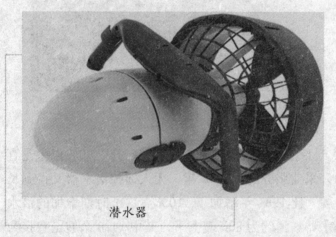

潜水器

在无人有缆潜水技术方面，根据欧洲尤里卡计划，英国、意大利将联合研制无人遥控潜水器。这种潜水器性能优良，能在 6000 米水深持续工作 250 小时，比现在正在使用的只能在水下 4000 米深度连续工作 12 小时的潜水器性能优良得多。按照尤里卡 EU－191 计划，还将建造两艘无人遥控潜水器：一艘为有缆式潜水器，主要用于水下检查维修；另一艘为无人无缆潜水器，主要用于水下测量。这项潜水工程计划将由英国、意大利、丹麦等国家的 17 个机构参加完成。英国科学家研制的"小贾森"有缆潜水器有其独特的技术特点，它是采用计算机控制，并通过光纤沟通潜水器与母船之间的联系。母船上装有 4 台专用计算机，分别用于处理海底照相机获得的资料、处理监控海洋环境变化的资料、处理海面环境变化的资料和处理由潜水器传输回来的其他有关技术资料等。母船将所有获得的资料进行整理，通过微波发送到加利福尼亚太平洋格罗夫研究所的实验室，并贮存在资料库里。

无人有缆潜水器的发展趋势有以下几点：一是水深普遍在 6000 米；二是操纵控制系统多采用大容量计算机，实施处理资料和进行数

6000米水下机器人

字控制；三是潜水器上的机械手采用多功能适时监控系统；四是增加推进器的数量与功率，以提高其作业的能力和操纵性能。此外，还特别注意潜水器的小型化和提高其观察能力。

海洋卫星遥感技术

在科技迅猛发展的今天，海洋遥感技术日益成为国际科技界关注的热点。美国于1978 年就发射了海洋卫星；日本在 20 世纪 90 年代初期也已发射了海洋卫星；俄罗斯有一系列卫星，其中"宇宙"系列卫星就包含了海洋遥感

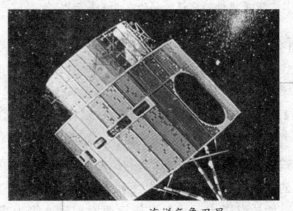

海洋气象卫星

全球海洋合作与开发

人类对海洋的开发

观测技术；欧洲资源卫星主要以海洋为目标，以法国为代表；北欧海洋遥感与观测技术的代表则首推挪威和瑞典。在1990~1992年期间，国际上发射了多颗极轨气象卫星，包括美国的NOAA系列后继卫星、欧空局MOP系列后继卫星和海洋卫星等，如欧空局欧洲遥感卫星ERS－1、美法合作的海洋地形试验卫星TOPEX/POSEIDON等。在此期间，我国也发射了极轨气象卫星FY－1（A－B）。由于中国气象卫星——风云系列卫星上有2~4个海洋通道用于观测海洋水色等要素，因此，我国在北京、杭州、天津等城市建立了气象卫星地面接收应用系统。

卫星提供的资料绘制的海洋气象云图

国际海洋遥感技术经历了两个阶段：第一阶段是气象卫星/陆地卫星的海洋应用阶段，我国发射的极轨气象卫星FY－1（A－B）也处于这个阶段；第二阶段是海洋卫星应用阶段。2002年5月15日我国发射了第一颗海洋卫星"海洋一号A"。"海洋一号A"卫星的成功发射与运行，实现了我国实时获取海洋水色遥感资料零的突破，为海洋卫星系列化发展奠定了技术基础，在2007年4月11日11时27分，我国自行研制的"海洋一号A"卫星的后续卫星"海洋一号B"卫星顺利入轨及正常工作，结束了我国近年来没有实时海洋水色卫星数据的不利局面，标志着我国海洋卫星和卫星海洋应用事业跃升至一个新的高度。"海洋一号B"卫星是我国海洋立体监测系统的重要组成部分，主要用于海洋水色、水温环境要素探测，将为我国海洋生物资源开发利用、河口港湾的建设与治理、海洋污染监测与防治、海岸带资源调查与开发，以及全球环境变化研究等领域服务。我国海洋卫星的不断发射成功将带动遥感技术在海洋管理上不断细化。

随着海洋开发深度、广度的不断拓展，全球的海洋环境质量每况愈下，海洋环境监测与保护问题日益成为国际社会普遍关注的热点。利用海洋遥感卫星，能够实现对全球海洋环境的同步观测，对我国近海海域水色信息进行大尺度、定量化提取，为海洋环境保护提供必要依据。

通过水色遥感卫星我们可以得到大量水色遥感图像，再对水色遥感图像进行分析就得到许多重要信息：一是海洋环境数值预报，如海温、海浪、潮汐、海面风场、海流等；二是海岸带灾害数值预报，如风暴潮、海啸、台风、巨浪、海冰、海雾、赤潮、溢油及其他污染等；二是海气相互作用过程预测，如 El Nino 和 La Nino 事件的中长期预测，海平面上升的中长期预测等；四是海陆相互作用过程预测，如海岸带侵蚀、河流冲击与河口改道、围海造田与环境效应等。

利用海洋遥感卫星数据结合相关资料，海洋管理就得到了可靠的依据，能够制作成各种产品，建立由近海到远海、多部门合作的海洋环境与灾害观测网络和数值预报、预警系

卫星地面应用系统（运控机房）

统，开展主要海洋灾害的分析和评估业务，建立海上搜救中心和沿岸防灾准备应急系统，构建海洋减灾体系。对风暴潮、海冰等自然灾害进行预报预警，对赤潮、溢油、河口排污等海洋污染进行业务化监测，以减少海洋灾害带来的损失。

全球海洋合作与开发

我国的海洋考察

人类对海洋的开发

极地浮标

我国的大规模海洋调查开始于20世纪50年代末。20世纪60、70年代，我国先后开展了近海标准断面调查、海洋污染基线调查、东海大陆架调查、南海环境和资源综合调查。我国近海和大陆架在进行海洋综合调查和专项调查的同时，也揭开了大洋调查研究工作的序幕，并积极参与了世界气象组织负责组织的第一次全球大气试验。20世纪80年代，我国海洋调查研究工作进入海洋调查与产业密切结合的阶段。历经8年时间完成了全国海岸带和滩涂资源综合调查，从1989年开始又用8年时间完成了全国海岛资源调查与开发试点。1980年中期，我国开始进行对北太平洋多金属结核资源的调查研究以及对南极和南大洋的考察及研究。"九五"期间，海洋高技术研究正式列入国家"863"计划，重点针对海洋科技中海洋生物技术、海洋矿产资源开发技术和海洋监测技术的关键课题展开了攻关。

几十年来，我国海洋调查领域不断拓宽，由过去的平面调查扩展为从外层空间到水下6000米深海的立体观测，调查区向深海大洋扩展，从单学科调查转向多学科相互衔接调查，从单纯环境调查发展到环境与资源并举调查，从海洋学调查发展到海洋与大气相互作用调查。我国第一颗海洋水色卫星于2002年成功发射上天；我国自主研制的第二颗海洋水色卫星"海洋一号B"卫星于2007年4月11日在太原卫星发射中心成功发射，卫星准确入轨；参与COOS计划的立体海洋观测系统技术体系研究正在逐步完善；反渗透膜法和蒸馏法海水淡化技术研究已经取得重大进展；海洋油气勘探开发技术和海洋生物技术取得跨越式发展。

目前正在探索开发的新领域包括把海水利用作为战略性产业，发展海水直接利用、海水淡化、海水化学元素提取和深海水利用等。探索开发的主要海底资源，包括海洋砂矿资源、海底油气资源、海洋磷灰岩矿资源、海洋蒸发岩矿资源、多金属硫化物资源、多金属结核资源、钴结壳资源和天然气水合物资源。

我国极地考察

我国的极地考察事业起步于20世纪80年代。1984年11月，我国首次派出南极考察队。1985年2月，第一个南极考察基地长城站在西南极乔治王岛建成。1988年11月，我国首支东南极考察队踏上征程，于1989年2月在东南极的拉斯曼丘陵上建成了我国的第

中国南极科学考察——长城站

全球海洋合作与开发

二个南极考察基地——中国南极中山站。1999年7月，我国第一次进入北极进行科学考察，掀开了我国极地科学考察的新篇章。截至2006年12月，我国共组织了23次南极科学考察、4次北极考察，共有3000余人次赴极地考察。

我国"雪龙船"号极地考察船

目前，我国逐步形成了"一船两站"的硬件支撑体系。经过多次扩建和完善，长城站和中山站已初具规模，其中长城站建筑面积5000多平方米，中山站为3000多平方米。两站均设有供电、供水、取暖、通信、油料储备供应、垃圾和污水处理设施等系统，配有水陆交通运输工具和工程机械设备，同时还拥有大量的科学仪器设备，成为我国科研人员常年开展南极科学考察和研究的良好基地，也是我国对外开展科学研究合作与开放的窗口。从1994年开始承担南极科学考察和运输的"雪龙"号破冰船，至今已完成10个南极航次、2个北极航次。它总长167米，宽22.6米，最大航速18节，续航力20000海里，满载排水量21025吨，船上拥有先进的导航、定位、自动驾驶系统和能够容纳两架直升机的平台、机库及配套系统，船上还设有海洋物理、海洋化学、生物、气象和洁净实验室及数据处理中心，配备有CTD（温盐深探测仪）和ADCP（声学多普勒海流剖面仪）等国际先进的大洋调查仪器设备。

极地科学考察活动的开展，不仅使我国成为南极条约协商国、南极研究科学委员会和国际北极科学委员会成员国，而且赢得了在国际极地事务中的发言权和决策权，提高了我国的国际地位和声誉，展示了日益增强的综合国力，极大地振奋了中华民族精神，培育了全民族热爱自然、保护地球环境的科学意识。

我国大洋考察

1982 年《联合国海洋法公约》明确宣布国际海底区域及其资源是全人类的共同继承财产，区域内资源的一切权利属于全人类，并成立了专门的国际组织"国际海底管理局"，代表全人类管理国际海底区域及其资源。

我国"大洋一号"科学考察船

我国作为海洋大国，对海洋事务一向比较关注；全面介入国际海底区域活动既体现我国对人类共同继承财产高度关注，也是维护我国在国际海

全球海洋合作与开发

底区域利益、为经济建设拓展资源储备的必然选择。

"大洋一号"首次发现海底黑烟囱

人类对海洋的开发

1978年4月，我国"向阳红05"号考察船在进行太平洋特定海区综合调查过程中，首次从4784米水深的地质取样中获取到多金属结核。1981年，针对联合国第三次海洋法会议期间围绕先驱投资者资格的斗争，我国政府声明我国已具备了国际海底先驱投资者的资格。从80年代开始，我国在国际海底开展了系统的多金属结核资源勘查活动。到1999年10月为止，我国组织"大洋一号"、"海洋四号"等科考船在东北太平洋进行了10个航次的海上勘探工作，通过海上勘查，并结合岸上资源研究成果从15万平方千米的多金属结核开辟区优选出具有专属勘探权的7.5万平方千米矿区，在当前预期的回采率条件下，可满足矿区内年产300万吨多金属结核、开采20年的资源需求。2001年5月大洋协会与国际海底管理局签订了《勘探合同》，以合同形式确定了我国对7.5万平方千米多金属结核矿区拥有的专属勘探权和优先商业开采权。在此期间，我国还在太平洋进行了近10万平方千米的富钴结壳靶区调查评价，对海底热液硫化物和天然气水合物进行预研并初步评价指出了海上勘探的目标区，启动了深海生物基因资源的探索性研究工作。进入21世纪，我国国际海底区域资源研究开发对象由单一的多金属结核向多种资源拓展，对富钴结

壳资源进行了大量调查。我国科学家还提出了一套深海环境调查计划及防止深海采矿对环境影响的措施，在国际海底管理局有关规章的制定中发挥了积极作用。

我国的深海技术水平也随着国际海底区域资源研究开发的发展不断提升。目前我国已拥有了 SeaBeam 多波束测深系统、深海拖曳观测系统、6000 米水下自治机器人等勘查手段。7000 米载人潜器作为"863"计划重大专项，到 2002 年正式立项，其调查能力可覆盖世界 97% 以上的洋底。

2005 年 4 月 2 日，我国"大洋一号"科学考察船从青岛起航，搭载 30 名远洋船员和 42 名科考人员，在郑和下西洋 600 周年之际，首次横跨二大洋，进行环球科学考察，圆满地完成

"大洋一号"科学考察船

了我国大洋环球首航科考任务，取得了一大批突破性的调查成果，于 2006 年 1 月 22 日返回青岛。整个环球科考历时 297 天，航程 43230 海里，跨越太平洋、印度洋、大西洋，圆满地完成了海洋地质、地球物理、地球化学、水文、生物等多领域、多学科的综合科考任务，创造了中国大洋科考史上的 16 项之最，实现了我国深海资源勘查的能力从比较单一的大洋多金属结核资源的调查评价扩展到富钴结壳、热液硫化物、深海生物基因及深海环境等多种资源和多个方面的调查研究。在深海基因资源利用技术方面，我国已成为少数成功分离培养深海极端微生物和相关酶的国家之一。

全球海洋合作与开发

海洋电能开发

海洋电能

人
类
对
海
洋
的
开
发

星罗棋布的电网

海洋里储藏的能源种类很多，海上汹涌的波浪，奔腾不息的海流，日复一日的潮汐，蕴藏着不尽的海洋动力资源；海水具有一定温度，储藏着可观的热能；海水里又溶解着一些放射性物质，从铀到同位素氘，它们蕴藏着更大的原子核能；海水里还生长有海洋生物，它们为人类提供了新的能源。

海洋能源种类繁多，蕴藏量巨大。单是海洋能源中潮汐能一项，若全部利用起来，一年的发电量就要超过全世界煤矿、石油、天然气发电量的总和。当然，海洋中潮汐能是不可能全部被利用的。但是从数字对比来看，海洋这片蓝色的煤田里，蕴藏着的能量有多么大！

波浪与波力发电

海洋上最为壮观的便是海面上滔天的波浪。在水连天、天连水、白茫茫的海面上，海风在呼啸，浪涛在汹涌。要是在狂风暴雨的日子里，白浪滚滚，像成千上万条凶残的鲨鱼龇咧着雪白的牙齿，互相追逐着、咆哮着。

波浪是海上的力士

波浪力大无比，永不疲倦。它能把海上航行的舰船像抛彩球那样抛到岸上，它是许多海上灾难的肇事者。波浪里蕴藏着巨大的能量，可以被利用来发电。

波浪的三种类型

海上波浪有三种类型：风浪、涌浪、扑岸浪。不同的波浪，成因不同。风浪是风引起的波浪。风吹到海面，与海水摩擦，海水受到风的作用，随风飘动，海面便开始起伏，形成波浪。随着风速加大和风吹刮时间

沿海地带

的增长，海面起伏越来越大，就形成了波浪。涌浪是风停止后或者风已减弱，改变了原来的风向，在海面上所留下的波浪。涌浪是由远处或者已经过去的风所引起的波浪。

扑岸浪是海边形成的波浪。当波浪接近海岸时，因为海边水浅，所以波浪和海底摩擦作用增加，使得海水的下层波浪落后于上层波浪，这样，波浪向前方卷了起来，形成了扑岸浪。在海边看到的波浪就是扑岸浪。

波浪运动与波力能

波浪各部分各有名称：波浪最高处叫波峰；波浪最低处叫波谷，两个波峰之间的水平距离叫波长，波峰到波谷之间的垂直距离叫波高，经过两

海浪

个相邻波峰或两个相邻波谷的时间叫波浪周期。波浪的波高和周期是研究波浪与波浪能量的重要指标，波浪中蕴藏的能量称为波力能。每一米海岸线上波力能蕴藏量大约为波浪高度平方和波浪周期的乘积。要是波高以米为单位，周期以秒为单位，所得波力能以千瓦为单位。如海岸处波长为5米，波浪周期为5秒。那么，每米海岸线所具有的波力能为125千瓦。

波浪的高度和周期还与海面风速有关，例如在每秒10米的风速下，每米海岸线蕴藏的能量为24千瓦；当风速达到每秒15米时，每米海岸蕴藏的能量达247千瓦。风速越大，每米海岸线蕴藏的波力能也越大。

波力发电原理

波浪发电原理是简单的，即将波浪上下垂直运动变为旋转运动，就能带动发电机进行发电。通常的方法是利用波浪的上下起伏来推动活塞上下垂直运动。活塞在气筒中能压缩空气，就像常用的打气筒上下打气一样。压缩空气可用来转动涡轮机。这样，波浪上下垂直运动转变成涡轮机旋转运动，就可以发电了。

最早的波力发电用在海洋的航标灯浮标上。浮标式波力发电装置尽管发电量不大，但还是具有发展前途的，经过改进，它可以发出较大电力。有的浮标式波力发电装置发电量可达到几百瓦甚至几千瓦。

常用的空气涡轮发电装置的发电原理和浮标式波力发电装置的发电原理是相同的：利用波浪的推力，使空气活塞室中的

波浪的高度和周期还与海面风速有关

空气不断受到压缩和扩张，从空气活塞室中出来的压缩空气，推动空气涡轮的叶片，利用空气涡轮机带动发电机发电。

空气涡轮式波力发电装置，可以建造得很大，发电量也大。

海浪能源利用

海浪发电与河川发电不同，海洋里不能建筑拦水坝，也不能建造水库或者蓄水池。海流发电原理与潮汐发电类似，利用海流冲击水轮机，带动发电机发电。但是，海流发电站与潮汐发电站不同，它不是固定建立在江河口或海边上，而是漂浮在海面上。

经过多年努力，各国科学家研究了许多种海流发电装置，但其基本形式和发电原理与风车、水车相似。所以，海流发电装置被称为水下风车，或潮流水车。风车是靠风吹着转动，而海浪发电则是依靠海浪的冲力，使水轮机转动，带动发电机发电。

海流开发

海流

海流，是海洋里的河流，它像陆上的河流一样，长年累月地沿着固定的路线流。海流与陆上河流不同的是海流没有看得见的河床，江河两岸是陆地，河水和河岸界线分明，而海流两边依旧是海水，颜色也相同。

海流的发电前景

海流发电的研究人员提出了三种利用海流发电的电能方式：一是直接以电能方式，通过水下电缆输送到陆岸上；二是利用海流电能，在海洋上电解海水，提取氢气，再用管道将气输送到岸上；三是利用海流电能制取压缩空气。

海洋能量与温差发电

海洋是地球上最大的热能仓库，它储藏的热能主要来源于太阳。太阳向宇宙空间放射光和热，照射到地球的太阳能，其中相当一部分用来加热空气和被地球大气反射掉，到达地面的太阳能，大部分照射在海洋里，被海水吸收，使得海洋成了地球上最大的热能仓库。

海水温差发电夜景

海洋电能开发

海洋所以能储藏热能，是因为海水的热容量较大，每立方厘米为0.956卡，比空气热容量（每立方厘米为0.0003卡）大三千多倍，还比陆地表面土层热容量大两倍。因为海洋宽阔，海洋面积占地球表面积的2/3。所以，海洋成了地球最大的热能仓库。

海洋热能可以利用海水温差，即海洋表层和海洋深层的海水温差来发电，让海洋热能转变成电能，成为海洋中又一种新的自然能源。

海水温差发电实验

人们早知道海洋中储藏热能，但是，如何开发海洋热能？人们无法解答。为此，人们只能望洋兴叹，任凭海洋热能白白地散发、消耗。

在19世纪时，就有科学家设想到用海洋表层和海洋深层的海水温差来回收太阳能，让热能转变为电能，提出了温差发电概念。如法国科学家德松瓦尔在1881年就提出了这种想法。1926年德松瓦尔的学生克劳德进行了一次海水温差发电的模拟实验。

两只容积各为25升的烧瓶，左边一只装有小冰块，水温保持在0℃左右；右边一只烧杯里装着28℃温水，与热带海域表面相近。然后用管道将两只烧杯连成一个密闭系统，外接一台真空泵。这个密闭系统由喷嘴、涡轮、发电机、3只灯泡所组成。

试验开始时，用真空泵降低烧瓶中压力，将空气从烧瓶中抽出。当烧瓶中的压力降到1/25个大气压时，水的沸点下降到28℃。这时，盛有温水的右边烧瓶中的水开始沸腾，成了蒸汽。这个道理是和高山上由于气压比地面低，水不到100℃就沸腾的原理一样，而在左边那个烧瓶里，由于装有冰块，水温保持0℃。当压力下降到1/25个大气压时，水不会沸腾，不会产生蒸汽。左右两个烧瓶中产生了气压差。右边那个烧瓶内的水沸腾产生的蒸汽，通过嘴喷出，推动涡轮旋转。涡轮与发电机相连，这样，涡轮带动发电机转动，发出电能，密闭系统中的3个小灯泡同时发出了耀眼光芒。

这个实验装置所进行的实验，证明海水温差发电是可能的。海水温差发电概念就这样为人们所接受。

海水温差电站

克劳德在成功地进行温差发电实验后，便开始设想建造海水温差电站，蒸汽机一类热机工作需要一个热源和一个冷源。海水温差发电的热源是海洋表层海水，其冷源则是海洋深层海水。

海水温差发电是把温度较高的海洋表层海水引入低压锅炉或真空锅炉，在不加热或稍加热的情况下，让海水沸腾，产生低压蒸汽。低压蒸汽通过专门的低压低温汽轮机，让海水温差发电图

它带动发电机发电。通过低压低温汽轮机后的蒸汽，引入到有深层海水的冷凝器中进行冷却，重新凝结成水。这样，可不断利用海水温差来进行发电，这是一种可循环温差发电。

为提高发电装置效率，采用氨或氟里昂一类低沸点的物质作工作介质。由于这类工作介质沸点低，在表层海水加热下，就可以蒸发，不需要保持低压或抽真空。将液态氨、氟里昂泵入蒸发器内，它们吸收了表层海水的热量就可变成高压低温蒸汽，推动涡轮机，带动发电机发电；而涡轮机排出的废气，进入冷凝器，在深层冷却水冷却下，重新凝结成水，可循环使用，使发电装置持续进行发电。

海洋电能开发

巨大的热能仓库

　　海洋这个热能仓库所储藏的海洋热能主要来源于太阳能，占了99.99%，除了太阳能外，还有其他来源。地球内部分为三层，外层是地壳，核心部分是地核，地壳和地核之间是地幔。地球内部像一台燃烧的锅炉，具有热量，称为内热。地球内热也会影响海水温度，增加海洋热能仓库的热量。海水质点间相互摩擦，动能会转变成热能，储藏在海洋这个热能仓库中。此外，除太阳外其他天体辐射源也会向海洋辐射热能。海水中一些放射性物质也会发热，所有这些种类的热能都储藏在海洋热能仓库里。

海洋地热图

　　海洋这个热能仓库的热能分布是很不均匀的。地球上不同地理位置、不同地方的海水，受到阳光照射不同，海水接收到的热能多少不等。所以，海洋表面层温度高低不同。在赤道附近海洋表层受到阳光直射，海水吸收太阳能多，海水温度高；在中纬度地区海洋表层海水吸收太阳能比赤道地区少，水温也比赤道的低；在高纬度地区和南北极地区海洋表层的海水，吸收到的太阳能更少，水温更低。可见，海洋热能仓库储热量是随着纬度而变化，纬度越高，储热量越少；纬度越低，储热量越多。

海水温度在垂直方向分布也是不均匀的。海水温度随着海洋深度增加而降低。表层海水温度高是由于表层海水直接吸收了太阳热能。

海洋各处的海水温度与季节、昼夜及海水运动情况均有一定关联。

海水成分也会影响海水温度。海水中含有杂质，海水混浊，吸收阳光热能多，水温高。

可见，海洋热能仓库中热能主要储藏在低纬度和中纬度地带的表层海水中，所要利用的也是这一地带的海水热能。

潮汐能

潮汐和波浪不同，它是一种海水运动。潮汐引起的海水运动有两种：一种是海水产生的垂直升降运动，即潮汐涨落；另一种是海水产生的水平运动，即潮流。潮流是伴随潮汐涨落产生的海水在水平方向的流动。所以，潮

潮汐

汐和潮流是一对孪生兄弟，都有一定规律。潮汐引起的海水运动所具有的动能就是潮汐能。潮汐能是海洋中蕴藏量巨大的自然能源。

潮汐的类型

海岸边地形、地理位置不同，气象情况不一样，所以潮汐的情况不同，潮汐的涨落周期也不同。潮汐的类型分三种：半日潮，一天有两次高潮和低

潮，高潮和低潮之间高度差也就是潮差大致一样；混合潮，一天有两次高潮和低潮，但两次高潮或两次低潮潮差很大；全日潮，一天一次高潮和低潮。不论哪种类型的潮汐，一个农历月里总要发生两次大潮和两次小潮。

潮汐发电原理

世界首台潮汐能发电机在英国安装就位

水力资源丰富的江河上游，人们构筑拦河坝，让河水从高处冲下，推动水轮发电机进行水力发电。潮汐发电的原理与水力发电的原理是相同的。在海湾里或者在有潮汐的河口上，建筑一座拦水堤坝，同大海隔开，形成一个天然水库。在水库大坝中或大坝旁边安装上水轮发电机组。这样，就可利用潮水来发电，让潮水蕴藏的巨大动能，转变成电能，潮水上涨时，大坝外面的海面升高，打开闸门，海水从海洋流进水库。待到落潮时，海面水位又低于大坝内天然水库的水位，打开大坝上另一个闸门，海水便从水库向海面外流，从相反方向转动水轮机，让它带动发电机发电。潮汐自然的涨落，给人类提供了廉价的动力资源。

潮汐发电同水力发电相比，不仅资源丰富，而且不像水力发电那样受到洪水和干旱的影响，潮汐有固定的规律，按时涨落，所以发电量比较稳定，能大量地、稳定地供电。

海洋设施与通信开发

海上城市

1975 年 7 月，成千上万的人拥向日本冲绳岛，参观正在那里举行的国际海洋博览会。博览会的中心会场不在冲绳岛上，而是在离海岸 400 米远，漂浮于海面上的一座大型海洋建筑物里。

这座漂浮的海洋建筑物长 1044 米，宽 100 米，高 32 米。由海桥与陆地相连，它是一座半潜式海上平台，由水下和水上两部分组成，中间用大型主柱连接成一体。它的水上部分有三层甲板，在主甲板、中甲板上展出博览会的展品，安装设备和布置，上甲板相当于屋顶。水下部分设有观察窗，在照明类光柱下，可以观察美丽的海底世界。

大型海洋建筑物

海上城市从地理位置来分，有建设在近海的、远海的、大洋海面上的，也有建设在海底的；从结构形式来分，有用钢板或玻璃钢制成，像大型船舶一样漂浮于海面的，也有用桩柱或垫脚固定在海底的；从形状来看，有圆形、方形、长方形的，也有椭圆形、球形、半球形的；从用途来看，有用于海上采油、海上放牧、海上生产、海底采矿、海上货物中转的，也有用于居住、娱乐的。

未来海上城市的能源将充分利用海上的自然能源

桩柱式海上城市，用钢质桩柱插入海底，支撑海上建筑物。垫脚式海上城市由垫脚撑在海底。它的垫脚是一个带有浮力舱的坐垫，并不插入海底，而是沉放在海底，是一种软着底，可防地震，又称"铁岛"。这种海上城市分4层，有航空港、人工田园、居住设施、文化娱乐设施等。

未来海上城市的能源将充分利用海上的自然能源，利用波力发电、风力发电、海水温差发电取得电力，并采用海水淡化、净化，供应海上城市的淡水。对于海上城市产生的污水、污物，要进行环境净化处理，由环境净化处理工厂处理污水，将粪便、生活垃圾加工成压缩肥料，以确保海上城市的卫生清洁，确保海洋环境不受污染。

人工岛

人工岛是人工构筑的海岛。人工岛与海上城市都是海洋空间资源开发利用的结果，其差别在于人工岛是陆上一些特殊行业用地向海上延伸的结果，是海上作业的临时活动场所，而海上城市是生产、科研、生活等社会活动的综合体。

人工岛不是天然的，是人们在海上构筑的岛屿，现在世界上已经出现了许多人工岛。

人工岛的种类

现在世界上人工岛的种类很多，按照不同分类方法，有不同种类的人工岛。

按照人工岛的构造来分，可分为浮体式人工岛和着底式人工岛两类。浮体式人工岛是利用浮力作用构筑在海面上的大型浮体，用锚链定在海上；着底式人工岛是直接构筑在近岸浅水区域中的陆地，它连着海底，是进行海上作业和其他用途的场所。

按照人工岛的构筑方法来分，有拓地型人工岛和充填型人工岛。拓地型人工岛是用填海造田的方法来构筑，一般建在水深不超过 20 米的近岸区，选择具有开发价值的近海海域，用砂石填海，然后再在上面建造人类需要的海上建筑。充填型人工岛用围海造田的方法，先围海，然后填充砂石，填筑人工岛。

按照人工岛的用途来分，有工业生产用人工岛，如海上采油平台、海上工厂、海上能源基地；有交通运输用人工岛如海上机场、海港、海上桥梁、隧道；有文化娱乐用人工岛，如海洋公园、人工海滨、游艇基地等。

充填型人工岛用围海造田的方法

海洋设施与通信开发

人工岛与陆地交通，对于离陆岸较近的人工岛，一般采用海上栈桥或海底隧道，通过公路、铁路交通相连；对于离陆岸较远的人工岛，可采用飞机、船艇进行交通运输。

海底实验室与海底房屋

还在遥远的古代，人们就幻想着能在海底居住，神话中的"海龙王"就居住在海底水晶宫中。

人类对海洋的开发

海上实验平台

海洋工程技术的发展，使得在海底建造水晶宫从幻想变成现实。早在20世纪60年代初，人们就开始着手建造海底实验室，进行海底居住的实验。

最先建造海底实验室进行海底居住实验的是法国。

所谓海底实验室是一种圆筒形或圆球形的水下装置，大的几百吨，小的几十吨。它用高强度的钢板焊接而成，壳体能承受巨大的深水压力，里面有工作区、生活区、控制区。底部设有潜水站和观察舱，潜水站存放潜水衣和其他潜水用具，观察舱供人员进行海洋观察。海底实验室中保持着一定压力，大小与外界海水压力相同。实验人员可通过潜水站和观察舱底站的舱室自由出入。

继法国科学家建造海底实验室、进行海底居住试验后，美国也开始建造海底房屋，进行水下居住试验，美国设计、建造了当今世界上最大的海底房屋。

海底城市的出现，使海洋成为人类生活的乐园。

海底城市

海洋设施与通信开发

海上工厂、机场

海上工厂是建设在海洋上的生产工厂。工厂的生产设备安装在海上建筑物中，工厂一般具有漂浮能力，可以在水上漂浮，用于开发海洋资源。

海上工厂的出现是开发、利用海洋空间资源的结果，也是海洋工程发展的产物。海上工厂有多种类型，世界各

工厂的生产设备安装在海上建筑物中

地出现了多种多样的海上工厂。按照构造特点，可以分为两大类，一类是浮动式海上工厂，另一类是搁置式海上工厂。

浮动式海上工厂可以在海上漂浮，它可以在陆上船厂建造，建造完毕后由拖轮拖运至需要海域，锚泊在那里进行定位；也可以建造栈桥，连接陆岸。

浮动式海上工厂可以在海上漂浮

搁置式海上工厂又称着底式海上工厂，可以搁置在海上，着落在海底，如海上固定采油平台及海上电站，就搁置在海底，搁置后无法再转移，直至报废。

建设在海洋上的机场，便是海上机场。海上机场是现代海洋工程技术发展的产物，也是海洋空间资源利用的结果。

世界上第一个海上机场是日本于1975年建成的长崎海上机场，长3000米，占地面积201.5公顷，是用填海方式建成的。海上机场按照建造方式不同有四种类型：填海式机场、浮动式机场、围海式机场、栈桥式机场。

填海式机场是用填海方式在靠近海岸边建成的海上机场。浮动式机场是一种建设在大型浮体上漂浮在海洋的机场。

围海式机场是建筑在浅海滩上的海上机场，先在浅海滩的岸边用堤坝把浅海滩围起来。

栈桥式机场是采用栈桥建造技术，将钢桩打入海底，机场就坐落在钢管桩墩上。上述几种类型的海上机场都靠近海岸，为沿海城市服务，而且都是固定式，不能在海上移动。

人类对海洋的开发

海底隧道

海底隧道是为解决横跨海峡、海湾之间的交通，而又在不妨碍船舶航运的条件下，建造在海底之下供人员及车辆通行的海洋建筑物。

海洋油库一种是着底式海洋油库；另一种是漂浮式海洋油库。

着底式海洋油库将贮油设施建设在海底，是一种海底油库。有两种类型：一是周围填筑式，在贮油罐的海底四周填以土石，使油罐高出海面；二是防波堤式，即在海中贮油罐周围建有防波堤；三是轻型波堤式，即在海中贮油罐周围，设立喷气、射水等类型的防波堤。

海底隧道

海洋环境宽广，海水气温低，温度变化小，所以除了贮藏石油，还可用来储藏煤炭、木材、液化气、粮食等许多物品。一些海洋国家已经研制成多种海洋储物仓库，并已建成和投入使用。

海底世界远离人群，远离火源，是存放易燃品，易爆品的理想场所。在海底建造易燃、易爆品仓库最合适不过。

海底大动脉

陆地上的交通、管线是一个国家、地区、城市的大动脉，铁路、公路交通线输送物资、人员，陆上管线输送石油、天然气、电力，传送电信号。海底下也有大动脉，有海底通信电缆，有石油、天然气输送管，还将有海底交通线，建设水上铁路与海底铁路，水下列车载着人们进行水下旅行和观光旅游。

海上油气管

海上油田所生产的原油、天然气，要经过输油管线输送到陆上，海上油气管道就是用来输送海上油田所采原油和天然气的。

海上油气管

在海底铺设输油管道通常采用的方法是把每段12米到24米长的输油管道用驳船运到铺管现场，然后将它们焊接起来，再放入水中铺到海底。这种铺管方法受到现场风浪条件的限制。风浪一大，焊接和铺管工作难于进行。即使风浪不大，驳船也会摇摆，焊接质量也会受到影响，输油管道不易准确地铺设到规定位置。

铺管船可以用来铺设海底输油管道，也可用来铺设海底天然气管道。由于船上采用动力定位装置，在铺管作业中，船上的电子计算机不断地自动检查船舶位置，使船舶按既定航线前进，精确地把输油管道铺设在原定计划的位置上。

人类对海洋的开发

海底通信电缆

现代通信分为有线通信与无线通信两类。由于有线通信容量大、距离远、安全可靠、抗干扰能力强，所以，在现代通信中，有线通信仍占有重要地位。

茫茫大海，碧波万顷，如何进行有线通信呢？

这时需要在海底布设通信电缆。最先铺设的是电报电缆。其后是电话电缆。20世纪 70 年代后，光缆问世。一根头发丝那么细的光缆，可传送上万门电话和几万路电视。

在海底敷设海底电缆与陆上不同，需要有专门的船舶来完成。

在海底铺设海底电缆与陆上不同，需要有专门的船舶来完成。布缆船便是铺设海底电缆的专用船舶。布缆船由于要装载各种规格的电缆，所以船上要有容积庞大的布缆舱和宽敞的甲板，为适应海上布缆需要，布缆船的稳定性要好，操纵又要灵活。

海上铁路和海下铁路

铁路是国民经济的大动脉，为跨越江河出现了连接两岸铁路线的浮动桥梁。这种浮动桥梁从江河延伸到海洋，出现了海上铁路。对于那些海岸线长、水域发达的国家，建设海上铁路，发展海上运输可以缩短运输

海洋设施与通信开发

距离。

海洋工程技术的发展，产生在海底下建造水下铁路的设想。水下列车在海底水下铁路上行驶，会遇到海水的阻力，并受到海水压力及海流的作用。所以设想中的水下列车借助导向轮固定在高架单轨水下铁路路基上，在水下列车上装有垂直和水平稳定器使水下列车能在行驶中保持平衡。

为了使水下列车能在水下高速行驶，列车上装有先进的大功率发动机，并装有自动装置，一旦遇到意外，水下列车可自行脱轨，并迅速浮出水面。水下列车在海底行驶，旅客可以临窗眺望，欣赏海底奇观。

有科学家预测，21 世纪最安全、最时髦的交通工具将是在海底水下铁路上运行的水下列车，它将是海上城市、海底乐园的水下交通工具，使人类真正能进入神秘的海底世界，领略海底水晶宫的特有风光。

海上卫星发射场

1996 年 6 月 5 日，欧洲卫星发射场"阿利亚娜 5 号"运载火箭进行卫星发射。运载火箭升空不久，就在空中爆炸，"箭毁星亡"。火箭、卫星毁了不算，卫星发射场也遭到严重破坏，造成人心惶惶。

卫星发射失败时有发生。一次卫星发射失败，损失的不仅是一枚运载火箭、一颗卫星，还会威胁地面安全。为解决这个难题，美国宇航局的专家提出了建造海上卫星发射场的设想。

设想中的海上卫

海上卫星发射场

星发射场是一种大型海上运载火箭发射场，种类可以多样，按所属海区分，有沿海型，即建立在各国领海内，靠近海岸；远海型，远离海岸，在大洋上或者在赤道水域进行运载火箭发射。按运动方式分，有固定式，即在固定的海上平台上发射；有运动式，即在可以自航的运载火箭发射船上发射卫星。按使用期限分，有临时型、短期型和永久型。

无论哪一种海上卫星发射场，都由两部分组成：一是卫星装配、指挥船；二是卫星发射平台。

卫星装配指挥船是一艘大型水面舰船，它是一座海上浮动的卫星装配厂。船上除了装有动力装置、导航设备外，还装备有卫星装配工

卫星发射平台，这是一个漂浮在海上的海洋平台

场，卫星主要部件就在船上装配；有卫星发射指挥中心，用于卫星发射；有雷达、无线电通信设备，用以对卫星的遥测及通信联络。卫星发射平台，这是一个漂浮在海上的海洋平台，它可以是固定的，也可以是移动的，卫星装配好后，用专门的吊车吊在卫星发射平台上，进行卫星发射。

海上卫星发射场前景

在进行海上卫星发射时，发射平台上的工作人员转移到卫星装配指挥船上，由机器人和自动装置使运载火箭矗立在发射平台上，给运载火箭装填燃料，进行发射前的最后准备。在火箭升空前，卫星装配指挥船驶离海上发射平台，通过船上遥控装置指挥运载火箭点火发射。

海洋设施与通信开发

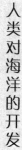

火箭升空

为缩短卫星进入轨道的路程，海上卫星发射点选择在靠近赤道附近的海域较为合适。美国研制的第一个海上卫星发射场就选择在夏威夷东南1000英里的海面上，是一个浮动的大型运载火箭发射平台，能搭载起飞总重量达300吨的运载火箭，并能抵挡住30米高的波浪冲击及抵御风速为40米/秒的飓风袭击。

日本也在研制海上运载火箭发射场，它由自航式运输船、发射平台、维护平台、储备平台等4部分组成，能对发射的航行器进行遥测、遥控、回返。

有人预测，在21世纪初，美国将在海上建成3～4个航天港，其中最大的一个将位于太平洋地区。太平洋航天港有大型海上卫星发射场，有两座可发射100吨级有效载荷的运载火箭，还有可供飞机起降的跑道和可供运输机使用的普通跑道。海上航空港除了承接发射卫星、回收卫星外，还可承接航天飞机的发射和降落，海洋将出现地球上最繁忙的航天港。

人类对海洋的开发

海水资源的开发

海　水

　　水是生命之源，世界海洋平均水深为 3800 米，海水总量约为 13.7 亿立方千米，然而，遗憾的是，约占地球现有总水量 97.3% 的海水却是又苦又咸，人类无法直接饮用，通常也不能灌溉农田和用于工业生产。地球上的淡水只有总水量的 2.7%，淡水中又约有 97% 在南极、北极、雪山、冰川、深层地下水和永久性冻土中，实际上可利用的淡水，如湖泊、河流、浅层地下水，只占淡水总量的 3%。

　　海水到底是由什么组成的？为了解决这个问题，人们早在 16 世纪就开始了简单的测定工作。到了 17 世纪，波义尔通过对海水的化学研究，指出海水中的盐是陆地上的盐分由河流带入海洋逐步浓缩成的。

海水又苦又咸，人类无法直接饮用

18 世纪拉沃西发明了海水中溶解物质的分析方法。到了 19 世纪 20 年代，马塞特进行了海洋化学方面的比较系统的探索工作，其内容仍然是测定海水的主要成分，并从中发现了一个重要规律：世界大洋海水含有相同的主要成分，而各成分含量之间的比例都差不多，即海水的组成是恒定的。人们称这个发现为马塞特规律。继马塞特之后，福查莫等人又做了大量的工作。他们分析了几百个海水样品，测定了海水的组成，提出了"盐度"（海水中含盐量）的概念，并根据测定结果计算了盐度与氯的比值，从而人们只要给出海水中的氯含量就可推算出它的盐度。

海水化学资源开发技术

人
类
对
海
洋
的
开
发

微量元素在海水中主要以化合物的形式存在着

所谓海水化学资源是指海水中以各种化合物的形态存在的可供利用的物质。人类在陆地上发现的100多种元素中，目前在海水中就可以找到90多种，随着科学技术的发展，陆地上发现的所有元素都将会在海水中找到。

由于元素在海水中的含量差别很大，人们为了方便，根据含量的多少，大体上分成三类：每升海水中含有100毫克以上的元素，叫常量元素，如海水中的钾，浓度约为380毫克/升；含有1～100毫克的元素，叫微量元素；1毫克以下的，叫痕量元素，有时微量和痕量元素也通称为微量元素。根据海水中元素的性质，又把它们分为金属元素和非金属元素两大类。金属元素如钠（Na）、镁（Mg）、钙（Ca）、钾（K）、铷（Rb）、锶（Sr）等。非金属元素如：氯（Cl）、溴（Br）、碘（I）、氧（O）、硫（S）等。这些元素在海水中主要以化合物的形式存在着。

海水中各元素的浓度大都很低，但由于海水总量很大，因此其总的储量大得惊人。如海水中的金，只有 4×10^{-6} 毫克/升，但是，海水中金的总储量却有 600 万吨。如果把海水中的金全部提取出来，那么黄金就和现在的铝

海水中溶存的各种元素总量虽然很大，可是为人们提取利用的还很少

一样，变得非常平凡了。海水中溶存的各种元素总量虽然很大，可是为人们提取利用的还很少。目前直接从海水中提取，并已达到大规模工业生产水平的有食盐、溴和镁等，其它元素的提取利用尚处于开发研究阶段。

海水淡化技术

在海水所含有的多种多样的物质中，数量最大的就是水。海洋是水的王国，海水占地球上总水量的 97% 以上。但这个巨大的水体却含有盐分等而不能直接利用。随着人口的增加和工农业的发展，陆地上

海洋是水的王国

海水资源的开发

的淡水供应已渐显不足，淡水供应问题已成世界关注的问题。

海水淡化设备

天然水的含盐量一般用 ppm 来表示，ppm 表示百万分之一，通指质量。如家庭用水要求含盐量在 500ppm（即万分之五）左右，含盐量太高就不适于饮用。工农业用水的含盐量有的可以稍高，但也不能高于 3000ppm。而海水含盐量平均为 35000ppm 左右，因此不能为人们所直接利用。那么，是什么原因使海水变咸的呢？要回答这个问题，就需要远溯至海洋成因。显然，海洋环境十分复杂，海洋中所含的物质包括：溶解物质，如无机盐类、有机物和溶解气体等；非溶解物质，如胶体微粒、悬粒体和气泡等；还有第三种物质，如鱼、虾、蟹等。其中无机物质主要有氯化铀、氯化钾、氯化镁、硼、铀等。氯化钠的含量最高，可以达到 35g/L，也就是每升海水中含有 35 克食盐，这就是海水之所以有咸味的主要原因。人们常说的海水淡化，是使含盐量为 35000ppm 的海水或苦感水的含盐量减少到正常饮用水的标准（含盐量小于 500ppm）的脱盐过程。

　　海水淡化的发展历史，可以追溯到很久以前，早在 1593 年已提出使用蒸馏法生产淡水，用于解决运航船只的用水问题。1872 年在智利建成的一个太阳能蒸馏器，连续使用了多年。多效蒸馏用于海水淡化，也有七八十年之久的历史。然而，海水淡化工作进展最快的是在近 30 年。目前，已经成为具有相当规模的重工业部门了。

　　在全世界已建成的大型海水淡化厂，第一类是在干旱缺水的地方，如中东的科威特、沙特阿拉伯等，那里的降雨量极度稀少，境内有大面积的沙漠，他们利用当地廉价的石油蒸馏海水，以解决缺水问题；第二类是在淡水供应困难的岛屿和矿区建厂，如美国佛罗里达州的基韦斯特，距大陆200千米，即使通过管路输水，水价也很高，故采用淡化的方法就地解决；第三类是在沿海城市建厂，那里人口集中，工厂集中，耗水量大，如美国加利福尼亚州的圣迭戈。从生产淡水的用途来看，主要是解决生活用水，有的用在工业上，少数供军事和游览的需要。

海水淡化的方法到目前为止大约已有20多种

海水淡化的方法到目前为止大约已有 20 多种，如蒸馏法、电渗析法、反渗透法、冷冻法、离子交换法、水合物法和溶剂萃取法等。在这些方法中，技术成熟、经济效果较好、具有实际意义的是前四种。

蒸馏法

蒸馏法一般是仿天然的淡化过程，利用人工的能量传递装置，从海水中取出淡水。最简单的脱盐装置就是老式的蒸馏器。海水在蒸馏瓶中加热沸腾后变为蒸汽，蒸汽不含盐分，当它在冷凝管中遇冷之后，又会变成水，流到三角瓶中就成了淡水。冷凝器的套管中有循环的冷却水，它不断地把蒸汽放出的热量带走。

海水资源的开发

电渗析法

电渗析法实验室

电渗析法是20世纪50年代发展起来的海水淡化技术。由于应用了合成的具有选择透过性的离子交换膜，才使电渗析法海水淡化成为可能。在海水中，钠是带正电的离子，氯是带负电的离子，正负离子电荷相等，因而海水不显电性，但是，如果溶液一旦进入电场，则所有离子就开始按自己的带电运动，带正电的离子 Na^+ 跑向阴极，带负电的离子 Cl^- 跑向阳极。

反渗透法

反渗透是指借助一定的推动力，迫使液体混合物的某一溶剂或某些溶剂组分通过适当的半透膜，而阻留某一或某些溶质组分的过程，是渗透的逆过程，它是一种分离、提纯和浓缩的手段。

冷冻法

我们知道，混浊的水是清水与杂质的混合物，清洁的水一般在0℃时就可以结冰，而含有杂质的水的冰点却在0℃以下。海水不同于淡水，淡水有固定冰点，海水随着冰的析出，盐分在逐渐增加，所以海水没有一定的冰点。盐度为 35 度的海水在 1.9℃时开始结冰。开始结冰时，绝大部分盐分留在水中。结出的冰中盐分很少。如此获取淡水的方法叫做冷冻法。因此，

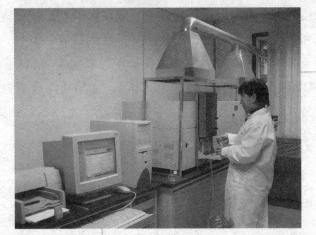
海水淡化实验

海水资源的开发

当温度降至 0℃时，清水就会从混浊的水中析出而首先结成冰。无论什么环境下的冰都晶莹透明、洁白无瑕，把这样的冰取来溶化，就可以得到清洁的水。

海水制盐

食盐是不可缺少的食用品，在人类生活中起着巨大的作用。一个健康的成人每天就从各种饮食中吸收 5～20g 的盐分。这些盐分能维持人体血流的渗透压，促使血流的循环，保持新陈代谢的正常进行。盐又是化学工业的基本原料，生产酸、碱、氯气以及化肥等基本化工产品都离不开它。此外，在肥皂工业、染料工业、矿业、钢铁工业、皮革业、陶瓷业等，食盐也都有很大用途。所以，人们称盐为"化学工业之母"。

食盐是人类最先从海水中提取的化学物质。全世界每年从海水中生产食盐约 500 万吨。

迄今为止，以食盐为原料已生产出上万种不同用途的产品。例如，电解食盐溶液，就可以得到烧碱（$NaOH$）、氯气（Cl_2）、和氢气（H_2）等

物质。将烧碱加入动植物油中，放在锅里煮，就可以得到肥皂和甘油。氢气和氯气能合成盐酸，而盐酸又是合成橡胶、染料、制革、化肥、制药等工业离不开的原料。另外，食盐在二氧化碳（CO_2）和氨（NH_3）的合成条件下，可转化为纯碱（Na_2CO_3），如果再与合成氨联产，还可以生产氯化铵（NH_4Cl）。纯碱的用途十分广泛，生产钢、铅离不开它，生产化肥、造纸、纺织等也是非它莫属。

海水制溴

溴是一种赤褐色的液体，具有刺激性的气味。溴与人们的健康、工农业生产、国防建设等都具有密切关系，广泛地用于医药、农业、工业上。

海水制溴实验

海水中的溴的浓度较高，平均浓度大约为67ppm，海水中溴的总含量有100万亿吨之多，占整个地球上贮溴量的99%以上，所以称为"海洋元素。"

海水提溴可采用两种方法。第一种为吹出法。在海水中，溴总是以溴化镁和溴化钠的形式存在。提取溴的方法常用空气吹出法。即用硫酸将海水酸化，通入氯气氧化。使溴呈气体状态，然后通入空气或水蒸气，将溴吹出来。其基本工艺流程是酸化、氧化、吹出、吸收和蒸馏。

第二种海水提溴的方法叫做吸附法。采用强碱性阴离子交换树脂作吸附剂。

海水提镁

镁一向以极轻的重量和罕见的强度而闻名遐迩。在飞机制造业中大量使用镁。锂—镁合金广泛地用于火箭制造和航空航天制造业。高纯度的氧化镁晶粒是炼钢炉用的高质耐高温材料。镁还是组成叶绿素的元素，对农作物的生长发育有促进作用，近年来，镁在机械制造业中有替代钢、铅、锌等金属的趋势，被称为金属中的"后起之秀"。

镁在海水中的含量很高，其浓度为1290ppm。仅次于氯和钠，居第三位。由于高纯度的镁矿是稀少的，所以海水仍然是镁的主要来源，海水中含镁的总量为1800万亿吨。

海水提镁的主要方法是往海水中加碱，沉淀出氢化镁，注入盐酸，脱水，从而获得无水氯化镁，电解氯化镁就得到金属镁。此外，直接电解海水也可以得到氯化镁。

海水提铀

原子弹和氢弹是很厉害的武器，它的杀伤力和破坏力都是相当大的，它里面装的"炸药"就是铀，核潜艇中也用铀作动力，功率巨大的发电站也用铀作燃料。铀裂变时能释放出巨大的能量，1千克铀所含的能量约等于2500吨优质燃烧的煤所释放的能量，也相当于20多万人一天的劳动量。

海水提铀实验

海水资源的开发

海洋生物资源开发

海洋水产资源

海洋水产资源也称海洋渔业资源，是指海洋生物中最重要的种类。它包括在海洋中生长的鱼类、贝类、甲壳类、头足类、哺乳类和藻类等动植物。其中鱼类的捕捞数量最大、价值最高，是水产品的主体。此外，还有对虾、扇贝、乌贼、海参、海蜇、海龟、海豚、海狮、海豹、鲸、海鸟和各种海藻等。

海豹

海洋水产资源开发利用已形成产业生产规模，如海洋鱼类、虾蟹类、贝类和海洋藻类等多种动植物。世界上水产品总量的90%左右在海洋水域捕捞，其中海洋鱼类产品占80%～90%。人类每年约从海洋中获取8000万吨水产品，而大部分是在仅占海洋总面积7.6%的大陆架捕捞的，因此，海洋渔业资源的开发还有充分的潜力。

浮游生物资源

浮游生物包括浮游植物和浮游动物两大类，它们大多数没有自泳能力，只能随波逐流。浮游植物为"植物性浮游生物"的简称，指悬浮于水中的微小藻类植物，多分布于水域的上层，个体极小，繁殖特快。浮游植物是所有海洋生物资源的奠基者，它们像陆地上的植物一样，可以利用阳光，将二化碳和水转化成淀粉和葡萄糖，把无机

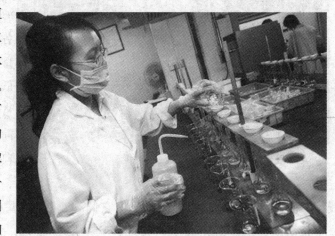

海洋无机物检测实验

物经过同化作用而转变成植物性有机物，同时释放出氧气。地上的氧气有70%就是浮游植物通过光合作用而释放出来的。浮游植物的多寡往往影响着其它海洋生物资源的分布，因此被称为初级生产者。而浮游动物是指一些毫无游泳能力或游泳能力很弱，只能随波逐流、漂泊生活的小动物。它们多数都个体很小，构成最简单，甚至有的只有一个细胞，而种类很多。它们自己不能生产有机物，只是以吃浮游植物而生活，属于次级生产者。正是这些浮游动物，把植物有机物转化为动物有机物，完成了海洋有机物生产过程的一次质的变化；它又是动物性有机物的基础生产者，对浮游植物的数量起到调节作用，不使它们的数量过多；又对整个海洋有机物起到了积累、库藏的作用。

海洋微生物资源

海洋微生物为广泛存在于浅海区域、外海水域及深海海底等各类环境中的一群体型微小、构造简单的低等生物。微生物通常是单细胞的，也有简单的多细胞和没有典型细胞形态的类型，一般包括细菌、

海洋微生物检测实验

放线菌、真菌等。微生物虽然微小，但它们和其它生物一样，具有新陈代谢、生长繁殖、遗传变异等生物特性，其主要特点为：分布广、种类多；繁殖快，代谢能力强；容易变异、适应性强。有些微生物在一定条件下能产生抗菌素、氨基酸、蛋白质等有价值的产品。现已利用海水中的微生物生产具有实用价值的物质，如特殊的色素、染料、医药、海中建造物或船舶用涂料添加剂等等。

药物资源

海洋生物中有不少种类可作药用。自古以来我国就用海马、海龙、珍珠粉、石明、海螵蛸、海粉等作药材。目前已从海洋生物中制取药物，并已供应市场。例如从产真菌顶头孢中发现的头孢菌素类抗菌素；从红藻海人草提取的驱肠虫剂海人草氨酸。从墨角藻与各种大型藻分离的抗凝血剂、止血剂、辐射防护剂与褐藻胶；从海绵中分离的抗病毒剂与抗肿瘤的核酸衍生物，合成阿糖孢胞苷用于治疗白血病；从异族素沙蚕分离的沙蚕毒素作原型，日本已用它合成高效驱虫

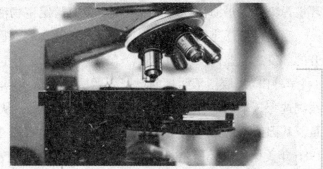

用河豚毒素实验对神经细胞效应，以阐明选择性膜渗透性机制。

剂，以商品名"巴丹"或"卡尔泰普"出售。近年来用河豚毒素实验对神经细胞效应，以阐明选择性膜渗透性机制。河豚毒素的化学结构已经测定出来，这为今后合成新药打下了基础。与生长在陆地上的生物相比，海洋生物具有适应海洋恶劣环境条件的特殊生理机能，海洋中还有独特的物种如棘皮动物。这些多种多样的生物，都分泌特殊的化合物。从海洋里随处可分泌生理活性物质的生物细胞中提取出我们所需要的遗传因子，就能获得具有特殊疗效的药品和精细化工产品，造福于人类。这也是今天我们所说的海洋生物遗传基因资源。

海洋生物

　　海洋生物技术为利用海洋生物或其组成部分生产有用的生物产品以及定向改良海洋生物遗传特性的综合性科学技术。海洋生物技术兴起子20世纪80年代，是一门新兴的研究领域。海洋生物技术研究的关键内容是以海洋生物为对象，综合应用基因工程、细胞操作和细胞培养技术手段，开发、生产和改造海洋生物天然产物以便用作药物、食品和新材料为人类服务；定向改良海洋动物遗传特性，为海水养殖提供具有生长快、品质高和抗病强的优良品种；培养具有特殊用途的"超级细菌"，用来清除海洋

海洋生物资源开发

环境污染，保护海洋环境，或者生产具有特定生物活性的物质。

当前，海洋生物技术的主攻方向是围绕食物、医工和环境三大问题展开的。发达渔业国（如日本、美国等）首先应用生物遗传技术进行海上"科学种田"，取得了明显的增产效益。美国从40年代就开始了虹鳟鱼的系统选育，采取了生长快、个体大的控制管理，从而提高了虹鳟鱼的产量。基因工程在农业上的应用，给予了海洋水产工作者以极大的启示。1986年美国已将控制生长的虹鳟鱼激素基因转移到普通鲤鱼和鲇鱼中，获得新品种鲇鱼，使养殖时间由18年月缩短到12个月。从鲍鱼的精子中提取出控制生长的激素基因，通过DNA重组技术转入大肠杆菌和酵母体内，从而生产出大量的这种激素，再将其用于蛤、牡蛎、扇贝、贻贝、鲍鱼等贝类以及其它软体动物的幼体，养殖产量提高了25%。日本从寒冷水域的鱼血清中分离出抗冻基因，并成功地转移到大西洋鲑鱼中，为养殖鱼类南移北植的研究开辟了新途径。

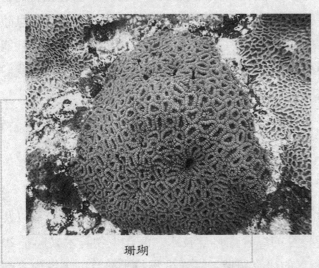

珊瑚

生物技术在我国水产中的应用也取得了较好的进展。在海洋生物技术发展的初期参与这一竞争，对于我国赶超发达国家，在海洋资源开发中占有一席之地非常有利。

我国对海水养殖水域突破10米，并成功地进行上、中、下层水域的立体增养殖，对鱼毒素、抗心血管病用的藻酸双酯钠、人造皮肤等海洋生物资源开发技术身世界先进行列，在海药已跻藻细胞工程及基因工程育种方面均处于国际领先地位。近年来海洋生物技术取得的主要进展有以下几个方面。

人类对海洋的开发

海洋动物

利用生物技术改良具有重要经济价值的海洋动物的遗传特性，是海洋生物技术的主攻方向之一。美国、加拿大、英国、法国和日本等发达国家的学者将基因工程、细胞工程和传统技术相结合，在海水养殖鱼类新品种培育方面，已取得明显进

鲨鱼

展。美国学者应用染色体组操作技术，获得了雌核发育和核发育的虹鳟鱼；所获的三倍体牡蛎，1988 年产量占总产量的 50% 还多。加拿大学者已将抗冻蛋白基因转移到鲑鱼体内，抗冻蛋白基因不仅受体内整合表达，而且可通过生殖细胞（精子）传递给子代；将生长激素基因转移到鲑鱼体内，使转基因鱼生长速度比对照鱼提高 4~6 倍；他们还构建了全鱼基因。

海　藻

海藻可分为大型海藻和微藻两类。在大型海藻方面，已成功地从紫菜和海带中分离出原生物体并进行培养，且在此基础上，开展了细胞融合研究；大型海藻质粒的发现和开发是藻类基因工程的基础。海洋微藻是海洋

初级生产力的主要贡献者，其中许多种类具有重要的经济价值。

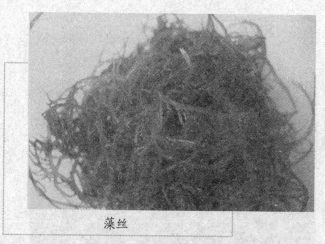

藻丝

微藻繁殖迅速，平均换代时间为2秒至数小时。由于微藻为单细胞藻，生活史简单，因而容易操作，在培养系统中可以有效地对其繁殖进行控制，大量培养。从细胞固定化和活性物质生产的角度，微藻对光能的利用效率是个非常重要的因素。微藻的另外一个重要特征就是它的种类多样性的遗传变异性。随着研究的不断深入，人们已逐步认识到可利用微藻生产许多有用物质。将微藻作为基因工程的研究对象具有重要意义。

海洋微生物广泛存在于浅海和外海水域以及深海海底等各种海洋环境中。科学家们经过10多年来卓有成效的研究发现：海洋微生物是极有前途的医药物质。

海藻

近年来在新的海洋微生物的筛选分离方面取得了可喜成果。清除海洋石油污染主要有物理、化学和生物等方法，运用生物方法清除海洋石油污染主要是利用一些能降解石油的细菌以达到有效地消除表面油膜和分解海水中溶解的石油烃。有关石油降解细菌的研究始自70年代，目前，已发现约有40个属的细菌能降解石油。

海洋生物资源的经济利用

　　人类所用的动物蛋白质，约有12.5%～20%来源于海洋生物资源。鱼、虾、贝、藻是大众食品，海参、鲍鱼、干贝、鱼翅、燕窝、鱿鱼、虾米、江珧柱和乌鱼蛋，更是脍炙人口的美味佳肴。在工业上，鲸油是既可食用又是重要的化工原料。鲸油是精密仪器的高级润滑油。从海藻提取的琼脂、褐藻胶、卡拉等在食品、酿造、纺织、造纸、感光、涂料、印刷等工业上有广泛用途；从甲壳类的壳提取的甲壳质在医药、纺织、印染、造纸、感光材料工业普遍应用；海灌还是工业上提取碘、溴、稀工金属和放射性核

海底鱼群（一）

化合物的原料。珍珠、红珊瑚、角珊瑚在首饰业中是制成项链、戒指、耳环等名贵首饰。工艺业上利用贝壳具有美丽的珍珠层，制成贝雕工艺品和螺钿家具。建筑业上用贝壳烧制石灰，用红树木材料供建筑材料。带鱼鳞、贝壳珍珠层粉混合于涂料和塑料，乌贼的墨囊使制品闪亮，是中国墨的名贵原料。在农业上，有一些低值的海洋生物可制饲料喂家禽、家畜，也可以沤制肥料。海鸟粪含磷达20%，是良好肥料。我国许多海岛，特别是西沙、南沙诸岛上拥有大量深厚鸟粪层。

海洋生物资源开发

海底鱼群（二）

人类对海洋的开发

随着世界人口的增长和人民生活水平的提高，使海洋资源开发具有更为重要的意义。全球海洋生物资源的资源量，准确计算是困难的，据专家的粗略估计为600亿～700亿吨，目前的年捕捞量仅占0.1%多，约8000万吨。一般推算在不破坏生态平衡的条件下，每年的可捕量可以达到1.5亿～2.0亿吨。根据这种预测，现在海洋生物资源的开发利用仅是可开发资源的一部分，尚有较大潜力。同时，水产品的市场潜力十分巨大。国内外对海洋水产品的需求旺盛不衰。人们将水产品视为最理想的动物蛋白

海底鱼群（三）

质来源，目前世界人均每天获取动物蛋白23克，发达国家为40～50克，而我国却只有10克左右，蛋白质摄入尚未达到营养标准的低限。而且随着人口的不断增加，人均资源相对不足的局面必将加剧。所以，国内对水产品的需求将会持久稳定地增加。

海洋渔业资源开发

渔业资源捕捞技术

海洋渔业生产是人类最早的活动之一。过去渔民主要依靠世代传下来的经验，逐渐掌握了鱼的一些活动规律，根据海况如水色、河清海晏、风向的季节不同和浮游生物的情况，判断鱼的出没，决定在哪儿下网。60 年代初海洋拖网渔业受到普遍重视，对于拖网渔业来说，除了借助声学探测设备来掌握鱼群信息和发现可供捕捞的渔场外，还必须利用声学遥测仪器来测定水下拖网状态及进网鱼量。因此，要设计出能够保护幼鱼资源，能耗低的渔量，这种渔具对鱼群个体具有选择性，最大限度地减轻对渔业资源的破坏，这样才能最佳利用渔业资源。

装在飞机或卫星上的传感器用来测定与鱼群分布有关的海况，间接地发现鱼群，然后由无线电通讯与渔船联系，告知鱼群集中的海域位置。渔业遥感探鱼是一种综合的探鱼技术，其特点是探测范围大、速度快、信息量大。人造卫星渔业遥感得到的海况参数范围比飞机

渔船

遥感更大、速度更快、信息量更大，受地理条件限制少。据报道，卫星预报鱼群的位置，准确率超过80%。有的用低频大功率岸站声呐，探测几百公里范围的鱼群。

鱼轮

激光技术目前也被用于发现和测量海洋鱼群。激光在渔业探鱼上的应用，冲破了以往渔业探鱼模式，使海洋探鱼技术向信息化、集约化、现代化方向发展。美国发明的机载激光探鱼仪，可在飞机航速

每小时100千米时使用。激光束覆盖宽度为75米，每小时探鱼搜索海面面积为12平方千米，飞机与激光雷达结合，能搜索大面积海域的鱼况，每小时可测70平方千米海面，约等于20余条渔船用超声波探鱼的速度。但在可探测深度上目前还要试验，美国国家海洋及大气管理局（NOAA）的科学家以激光技术进行试验，证明了激光在检测海水表层40米深范围内不同种类的鱼群方面是可靠的，这项试验用以检测激光作为一种常规的资源调查工具的可行性。

但上述的遥感探鱼都是用电磁波的方式，包括激光、红外、微波等，用它们能迅速得到整个地球表面的各种参数，包括海洋表层的参数。而要得到海洋深处的鱼群信息，只能用声波。它的传播衰减比电磁波小得多。

海洋鱼类生态遥测

为了进一步发展海洋渔业，促进海洋生物资源的养殖管理，就必须掌握各类海洋生物的栖息习性和摄食嗜好，以及浮游规律等生理现象和生态特征。

对哺乳类海洋鱼类，可将小型无线电信标安放于哺乳类海洋动物的背鳍上，借助于其上浮水面呼吸排气之机，天线露出水面时无线电信标便向空间发射无线电波。测量船或岸台接收机可对电信标发射的无线电波进行测向定位，这种遥测方法只能断续地跟踪哺乳类海洋动物的运动路径，至于它们在水下活动的规律就无法得知了。

声信标在鱼体上安装的方式有两种，一种是体外安装，另一种是体内安装。体外安装方法就是将小型的声信标置于鱼体背鳍部位。为了不增加鱼类游泳中的阻力，以及不改变鱼体的重心，对声信标的体积和重量、外形等均有苛刻的要求。除此以外，还要考虑鱼类最大潜深时声信标所需承受的静水压力。

体内安装方式是将小型的声信标从鱼

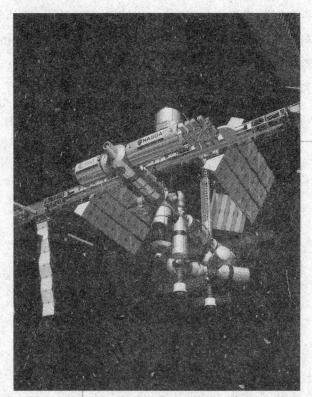

海洋卫星探测装置

海洋渔业资源开发

类咽喉嵌入胃内，虽然鱼体体形不受影响，也不增加游泳阻力，但鱼体的整个重心偏于下方，对它在水下活动有所影响，此外，有些鱼类因存在反胃现象，会把声信标吐出。由于鱼体生理组织会对高频声波产生吸收衰减，体内安装选用较低的工业频率，较高的声源级的声信标一般只安放在大的角体之内。

探鱼技术

垂直探鱼仪是利用超声波沿垂直于海平面方向探测鱼群，多用于鱼类探查和资源的评估。其工作原理与测深仪几乎是相同的，但因鱼群目标回波与海底反射回波相比，不仅强度微弱，而且随着鱼种不同，鱼群大小以及游泳姿态的变化，回波记录映像也变化多端。所以，对探鱼仪的探测能力和对鱼群回波的识别方面有着更高的要求。

海豚

探鱼仪主要由两部分构成，一是声波发射器，一是回声接收及显示器。它的基本原理是：声波发射器向水下发射超波脉冲，当声波遇到水中的物体、鱼群或海底时，就会产生反射回波，回声接收及显示器接收这种回波，加以放大、分析，就能显示出有无鱼群。

垂直探测经过人们的不断改进，其性能不断完善。如从原来使用单个频率探测，到同时用两个频率工作；从用200kHZ探测对虾和小鱼，到用500kHZ探测其它鱼类。在显示方式上，也从过去的纸质记录、黑白屏幕显示发展为液晶显示、彩色屏幕显示等。有的探鱼仪还有局部放大的功能，即把需要观察的一段记录加以放大，以便仔细分析，非常方便。但垂直探鱼仪的作用范围只限于船下方，对船周围的鱼群就难以发现，于是又出现了一种水平探鱼仪。

水平探鱼仪

水平探鱼仪为利用超声波沿水平方向的传播来探测鱼群的仪器。其最大的用途是估计鱼群的大小和范围，这是垂直探鱼仪不容易做到的。渔业上采用的水平探鱼仪，可分为单波束的（如搜索水平探鱼仪）和多波束的（如多普勒水平探鱼仪）两种。

大型探鱼船

其中多波束的水平探鱼仪采用相应旋转指向性发射和多波束接收，效率高、探测能力强，回波信号的强弱可用 8～16 种色彩分别表示。目前，渔业发达国家都能生产计算机控制的垂直和水平探鱼仪。最先进的声呐探鱼仪可贮存 360°方向的瞬间信息，并能自动处理鱼群信息，同时还可以连接其它机械设备自动控制起网。如日本生产的 CS—50 型彩色声呐探鱼仪，可以测视鱼群的大小、游泳方向、速度和方位等多方面的数据，使用非常方便。随着微电子技术的发展，探鱼仪广泛采用微处理机，向多功能、自动化、彩色数字显示、立体显示的方向发展。

网位仪

对拖网渔业来说，网位姿态正确与否将直接影响现场捕捞效率。只有掌握内外鱼群分布以及水下网情，才有可能及时调整网具，对鱼群实施瞄准捕捞。

海洋渔业资源开发

网位仪是利用声学方法遥测网情和进网鱼量的仪器，是由网上和船上两部分设备所构成的遥测系统。网上部分是一个能承受外压的圆柱形水密装置，它安装于拖网上侧的浮子网中央，其内部相当于装了两台小型探鱼仪，其中一台探鱼仪发射波束朝向水面，用于探测网深以及网外（指网上方）鱼群分布；另一台探鱼仪发射波束则垂直向下，它用来测量网口张开高度、进网鱼量、渔网离海底高度以及网下方的网外鱼群分布。测得的信息经调制后由网位仪中的遥测发射机向海洋空间辐射出去。船上曳船式换能器接收到这些信息，由船上接收器解调提取网上遥测数据。

无网捕鱼

在光诱捕鱼、声波捕鱼以及电气捕鱼技术基础上发展起来的综合性捕鱼方法称为无网捕鱼。它用吸鱼泵将鱼直接从海中吸到船上，而不用渔网。

无网捕鱼是一种综合性捕鱼方法

音响诱鱼。由于不少鱼类能通过摩擦牙齿、振动骨骼和鱼鳔、摩擦胸鳍等方法发声，鱼类正是依靠听觉辨别不同的声音，来寻找配偶、联络同伴、捕捉食物、逃避敌害的。鱼的听觉很敏锐，其听觉范围在 30 ~ 10000Hz 之间（人耳听觉范围为 20 ~ 20kHz）。所以，若往水里播送一种鱼喜欢听的声音，就可以将鱼诱来捕之；若播送某种鱼听了感到厌恶或其敌人的声音，也可以将鱼驱赶到一定的区域进行捕捞。

日本科学家已试验从鱼苗时期开始，投饵时播送优美动听的音乐，每天4次，每次1小时，直到长成一定的规格再投入大海。待鱼长大后，在船上重播鱼苗时听过的音乐，鱼就会闻声而来。

灯光诱鱼。是用灯光把鱼诱集起来。鱼对灯光有两种反应。有的怕光，如盲鳗、鲐鱼、沙丁鱼等；但更多的鱼，特别是一些中、上层鱼类，如竹刀鱼等都有趋光性。当受到光的刺激时，就会纷纷向光源处游动，围绕灯

大型渔船

光久久不散。也有的是为捕食灯光下诱集的大量浮游生物而来的。渔业上利用鱼的这种习性，把分散的鱼诱集起来，可以增加渔获量。

催眠捕鱼。英国科学家研制出一种体积小但威力强的催眠弹，它发出的噪声波能使鱼听觉中枢神经麻痹，进入短期昏迷状态，并漂浮在水面。这时可将大鱼捞上来，把小鱼留下。小鱼苏醒后，仍可继续生长。

气幕捕鱼。在所有围网捕鱼时，鱼常从网边溜走。用压缩空气通过输气管从水底自下而上在网头前喷出一排气泡使鱼不能从网里溜走，从而增加渔获量。

磁性捕鱼是由俄罗斯一个养鱼合作社试验成功这种捕鱼法，在拖网边缘系上一些小型永久性磁铁代替网坠，鱼类具有趋磁性，会自动靠近网口，此法能使捕鱼量增加80%。

随着科学技术发展，光泵和声电泵等多种技术的应用以声波或饵料取代电场集电、新光源的研制和应用、大功率潜水吸鱼泵和低耗高效的脉冲电流发生器等，这些技术和仪器的研制成功，会极大地提高无网捕鱼的效率。

海洋渔业资源开发

海洋养殖

　　所谓海水养殖是指在海水或半咸水水体内，养殖鱼类、贝类、虾蟹类、藻类和其它水生生物。海水增殖是指用人工方法改善和促进包括鱼类、贝类、虾蟹类、藻类等水生生物的繁殖和育苗的条件，使之达到稳定和恢复其种群资源的目的。

　　发展海水增养殖，把被动渔业转变为主动渔业，是提高渔业生产的一个重要途径，是世界渔业当今发展的一个方向。下面主要介绍海水鱼类增养殖技术。

网箱养鱼

网箱养鱼

网箱养鱼是10年来国内外发展很快的一种新兴的鱼类养殖方式。目前世界上采用网箱养鱼的有中国、日本、丹麦、挪威等20多个国家。以日本的真鲷、挪威的大西洋鲑、加拿大的银鲑和王鲑、马来西亚的石斑鱼等的养殖规模较大、经验较为丰富。我国近年来，在沿海各地也进行了石斑鱼、真鲷网箱养殖。

人类对海洋的开发

工厂化养鱼

工厂化养鱼是近年来发展起来的一项新的养鱼技术。利用先进的工业技术、集约化地进行鱼类养殖，具有集约化、工业化程度高、需用劳力少、基本上可以控制环境因子、单位面积产量高、成本也较高等特点。

工厂化养鱼

海洋渔业资源开发

港养和池养

港养和池养一般利用港池、盐田人工改造和挖沟筑闸坝，建成较为规则的养鱼池。我国河北、江苏、福建、广东、台湾等地进行港养和池养的历史较为长久。我国北方各省称为港养，福建叫海埭养殖，广东和台湾称为鱼养殖。

池养

海洋油气资源开发

海洋石油资源开发利用

人类对海洋的开发

海上钻井平台

石油是一种重要的矿产资源和能源，被称为"工业的血液"。以石油为原料的产品多达 50000 多种，这些产品在人们日常生活中可以说是无处不在，如塑料、合成橡胶、合成纤维、电影胶片、化肥、合成洗涤剂、润滑油等等。石油在世界能源消耗中也占有重要的地位，目前人类所需要的能源，几乎有一半以上要依赖石油和天然气，其中，工业发达国家大约要占 75%。海洋蕴藏着丰富的石油和天然气资源，目前，海洋油气资源的勘探开发，已经从陆架区向深海区推进。在当今世界经济发展中，石油仍然占据着极其重要的战略地位。

挪威在第二次世界大战前还是欧洲的一个穷国，而现在已跨入世界富国的行列，人均国民生产总值已接近 14000 美元，发生巨大变化的关键原因在于开发海洋石油。挪威原是一个无油国，20 世纪 60 年代中期在北海发

海上油井（一）

现石油和天然气后，1971 年开始石油的少量生产，到 1975 年挪威已成为西欧第一个石油净出口国。1977 年挪威在北海开采石油的收入只占国民生产总值的 0.2％，占该国出口总额的 0.5％。而到 1984 年已生产石油 5900 多万吨，产值 97.4 亿美元，占挪威国民生产总值的 20％，比 7 年前提高了 100 倍。1991 年海洋石油产量已达 9240 万吨，产值约 142 亿美元。海洋石油工业的迅速发展还为其它工业和本国的财政经济带来活力。一度不景气的机构、造船工业纷纷转向生产石油平台、供应船和其它石油工业设备；海洋石油工业的发展还增加了本国人员的就业机会，仅开发北海石油雇用的工人就有 30 多万，如果算上在石油和其有关行业就业的人员，已占挪威全国就业人数的 1/3。

海洋石油开发

据统计，到目前为止全世界已开采石油约 850 亿吨，其中绝大部分采自陆上，20 世纪 70 年代以来，世界每年新增加的石油储量约 15 亿吨左

海洋油气资源开发

人类对海洋的开发

海上油井（二）

右，而近 10 年来，石油的开采量在 26 ~ 31 亿吨之间，开采量远远大于自然增长量，呈现出石油枯竭的趋势。据联合国统计，到 2000 年，全世界将用完所有石油的 87%。美国科学院关于"矿产资源和环境"的报告证实，大部分石油将在 50 年内耗尽。目前人类除了节约能源和提高采油技术以外，更重要的措施是勘探和开发海底石油。

　　开发海洋石油对缓解世界石油供不应求的状况起着越来越大的作用。1950 年海洋石油产量仅 0.3 亿吨，1991 年已达 9.66 亿吨，比 1950 年海洋石油的产值约增加 1500 亿美元，其投入产出比大于 1:2，效益显著。目前每年从海底开采出来的石油已超过 9 亿吨，占世界石油总产量的 1/3。海洋石油的产值已占整个海洋产业产值的 60% 以上，加上天然气的产值则达 70%。海洋石油的产值在海洋经济总产量中名列首位。

　　从 1897 年在美国加利福尼亚米兰开钻了第一口海上钻井，到 1947 年墨西哥湾钻成一口近海油井，人类开发海底已有近百年历史了。开始是在近海的沼泽地带，随之移到了湖泊、河流的入海口、海湾，最后发展到大陆架海域的水下。

　　全世界真正大规模向海底石油进军是在 20 世纪 50 年代后期。1955 年，全世界仅有 10 个国家从事这项工作。60 年代以来，从事海底石油和天然气勘探的国家陆续增至 20 多个，到 1976 年，进行海上油气开采的国家已发展到近100个。自90年代以来，开采国已增加到100多个，在40多个沿海国家的海域从事油气的勘探和开采工作，勘探范围遍及除南极大陆外的所有大陆架，其中不少已深入到较深的大陆坡和深海区，尤其是委内瑞拉、沙特阿拉伯、美国等，其海上年产石油均在几万吨以上。世界上最大的海底石油储量分别是在中东的波斯湾、委内瑞拉的马拉开波湖和挪威的北海和路易斯安娜沿岸的墨西哥湾。波斯湾现已探明的石油储量达120亿吨，占世界已探明的海洋石油储量的50%以上，所以有"石油之海"的美称。在海底天然气储量方面，波斯湾仍居第一，挪威的北海占第二，墨西哥湾列第三。

随着海上油气勘探技术的进步，海上钻井深度也越来越大。1968年"格格玛·挑战者"号船在墨西哥湾水深3572米处下钻透石油的盐丘冠岩，并在其附近的钻孔中发现有浊积层，提示深海区可能储藏着石油；1983年

海上油井（三）

美国壳牌公司在美国东海岸水深处1965米的钻井深度达4500米。就目前的条件而言，在任何水深范围内进行商业性勘探钻井，无论在技术上或是经济上都是可行的。但是，由于发展海洋石油的生产设施更加复杂，所以采油作业的水深能力总是落后于钻深水深的发展水平。

我国海上油气开发的技术进展

我国海上石油和天然气的勘探开发工作是从1959年渤海进行石油物探开始的，1963年在南海钻了第1口石油探井，到1993年底，仅就中国

海洋油气资源开发

海洋石油公司系统的统计而言，总共完成地震工作量（5.37×105）千米，钻预探井 234 口，评价井 104 口，钻进总进尺（7.38×105）米，钻探 3200 多个地质构造，发现了 78 座大油气田。

海上油井（四）

人类对海洋的开发

目前，我国采取对外合作和自营相结合的方针，使海洋油气勘探开发技术从无到有，现已基本成熟配套。截止到 1993 年底，海洋石油总公司有可移动的钻井平台 12 座、物探船 9 艘、三用工作船（供应船）35 艘，各种工程船 27 艘。其中，"渤海" 1 号是我国建造的第一座自行式钻井平台，自 1972 年 9 月开始在渤海进行钻探以来，20 年来已建了 30 多口井；"勘探" 1 号是我国改装的一艘双体式钻井船，于 1974 年在南黄海进行钻探；"胜利" 1 号是我国建造的第一座浅涨坐底式钻井船，长 56.6 米、宽 24 米，空载排水量 1188 吨，1978 年 6 月在渤海莱州湾进行钻探；"勘探" 3 号是我国第一座半潜式钻井平台，1986 年 6 月建成，可在黄海、东海、南海 200 米水深的海域作业。1988 年 9 月，我国建成世界第一座极浅海 "两栖" 钻井平台 "胜利" 2 号。这座平台长 72.24 米、宽 43.14 米、高 59.80 米，自持能力 20d。它有独特的内体、外体结构，采用一整套庞大而精确的驱动或后退，完成整座平台的移升或着地，互为依托牵引前进或后退，完成整座平台的移动，其作业水深 0～6.8 米，在水深 2 米以下的极浅海区，又能像用双腿开步走路那样，以步幅 10 米之距离涉水前进后退，钻井作业可以陆海连片。

在我国海上已发现的油气田中，经过对它们的开发评价研究，目前已有 17 座油气田建成投产。1996 年，原油产量 1.69～107 吨以上，天然气的产量达到 2. 69 ~ 109 米^3。

目前，开发这些油气田所采用的海上工程设施主要有以下几种。

浮式生产系统，该系统由井口平台、海底管线、单点后和生产储油轮组成。我国多数海上油田都采用这一系统生产。

固定平台生产系统，该系统由综合生产平台，储油平台和外轮栈桥组成。固定式平台生产系统由于投资高，目前只有埕北油田采用。

水下井口生产系统。该系统由半潜式钻井船、水下井口、海底管线及系泊生产储油组成，适于深水油田。例如，水深 300 米的流油田就是采用这一系统。

海上油井(五)

综上所述中，目前我国海洋油气开发技术已基本具备了国际上先进的技术水平。我国海洋石油工业是最早引进对外合作机制的企业之一。迄今，我国已有 16 个国家和地区的 60 多家公司建立了多层次、多形式的合作关系。通过引进、消化、吸收国外先进技术，积极发展我国海洋油气高技术及其产业，使我国海洋油气工业在国民经济中的贡献率及所具备的高技术含量接近或达到国际水平。

技术密集

由于水下的特殊环境，海洋石油勘探开发需要多学科的综合技术，涉及的技术面很宽，要求高效、安全、可靠、经济，所以广泛采用了当今全

海洋油气资源开发

海上油井(六)

人类对海洋的开发

世界最先进的技术与装备，而且更新换代很快，新技术、新工艺、新材料不断涌现。海底油气的生产开发，无论是早期的采油系统，还是现在发展的海底钻井等开发方式，所使用的技术都很复杂。在勘探方法上，如用多缆多震源勘探技术、数字电缆、高分辨处理；在钻井方面，小井眼、小曲率半径水平钻井技术在油田开发中应用，目前水平已达5000～7000米下在测井（即对不同深度地层的物理参数进行测量和记录的作业）方面，数字成像技术，大容量的传输系统及先进的地面设备，为油田开发方案的制定，提供了可行的依据；在海洋工程建设方面，深水油田开发范围已发展到1000米以上，并形成一套完整的水平生产系统。海洋石油开发对高技术的吸收和发展很快。如80年代中期投入使用的深海生产平台自动操纵装置，该装置包括管道检查、维修、排降事故的近代水下机器人系统，可在较深的水下作业

资金密集

海洋的特殊条件与环境，使得海上的一切工作都需借助与之相适应的载体和其它手段才能进行，再加上种种保障系统条件，其开支要比陆地同类工作高得多。

首先，创造海上调查、勘探或开发的装备条件投资巨大。往往是陆上石油投资的数倍。如海上打一口探井要花费上千万美元，建一座中心采油

平台要上亿美元，要找到 1 亿吨的石油储量需要的投资约 2.5 亿美元。如杜邦公司为加强对墨西哥湾深度海底油气的开采，于 1989 年设计制造的深海石油生产平台，预算投资高达 4 亿美元。据统计，海洋石油开发的费用大约是陆地油田的 3 倍左右，气田还要高一些。并随水深的加大费用也成倍提高，通过不同水深开发投资的平均值比较来看，在水深 183 米处的油气投资，较之水深 20 米的投资增加一倍，而在水深 305 米处，则又是水深 183 米的两倍。

再者，用于海洋石油开发装备的初始投资是巨额的，但它仅是海洋工作费用高的一个方面，更大的开支还在海上的实施、维持上。

风险大

由于受到海洋环境与资源客观认识程度的局限，海洋特殊的自然条件的制约，因而决定了海洋开发和其他海上活动具有较大的风险性。首先是判断失误的比率高，在海洋石油开发中，特定的海上条件

海洋油田从勘探、确定开发到建成油田开采，一般需 5 至 10 年时间

给查清海底石油资源的分布、储量带来许多困难，并由此带来海洋石油开发前期工作投资较高，而且开发前期的这部分投资风险较大，开发中往往会因为选区不当、初步预测不准、判断失误等因素而发生前期调查、勘探达不到预期目标，甚至成为无效的投入。其次是海洋石油开发从发现到建设正式投入生产的过程一般较长，如海洋油田从勘探、确定开发到建成油田开采，一般需 5 至 10 年时间。周期长，势必造成资金的积压现象，以致

海洋油气资源开发

投资大幅度增加的危险，如北海奥克油田，其追加预算投资最后竟达586%，几乎近6倍。周期长，还会带来项目经济效益分析的重大变化。最后，海洋自然条件所构成的风险。在海洋上开采石油，在很大程度上受到海况的制约，受到海洋灾害天气的威胁，恶劣的天气和水温不仅影响正常生产作业，而且可能造成严重的破坏性事故，造成生命财产的重大损失。

海洋石油的生成

人
类
对
海
洋
的
开
发

　　长期以来，人们对石油是怎样生成的问题，有过激烈的争论。关于石油生成的假说，先后出现过几十种，但归纳起来不外乎两种，即无机生油说和有机生油说。前者认为石油中的碳氢化合物是由各种无机化学作用形成的，如重金属的碳化物与水相互反应，后者认为碳氢化合物是由生物遗体变成的。现在有机生油说已得到较普遍的公认。有机生油说认为：在过去地质时期里，江河带来的大量泥沙不断堆积在海洋底部，一些动植物尸体也随着一起被埋葬。生物遗体的分解使泥沙富含有机质而形成为有机淤泥。由于沉积物的不断加厚，使温度和压力逐渐增高，再加上细菌、催化剂、放射性物质的协同作用，这些有机质就可逐渐变成各种碳氢化合物的混合物，即原始油气。

　　在岩石中形成的这些原始油气，要富集成为油气层，需经过从分散状态汇集成液滴状态和把液滴榨

北海奥克油田

出来两个过程。当上面覆盖的沉积物越积越厚，压力增大到一定程度时，就会像一部巨大的"天然压榨机"一样，把分散的由油、气原始物质与软泥中的水结合形成的液滴和气泡榨出来，迁移到附近受压力较小的地层中去。迁移中，因为气易于扩散又较轻，向上可迁移得更远一些。当油和水向上及向侧方迁移时，也因比重不同彼此不能混合而发生分离，而且油更容易聚集在孔隙较大的砂岩层和石灰岩层中。经过这样的迁移，就可以形成含油、含气的岩层。

形成石油具备条件

第一，要有大量的生物遗体，这是形成石油最重要的条件。在海湾和河口地区，大量繁殖的藻类、鱼类及其它浮游生物都是形成石油的"原料"。那么，能有这么多的原料吗？能在适宜的气象条件下，沉积盆地里都有

石油运输船

大量生物繁殖，其数量之多，异常惊人。例如硅藻，假如繁殖不受阻碍的话，那一个硅藻在 8 天内就可繁殖到像地球一样大的体积——1.08×1012 千米^3；一个细菌的重量微不足道，但在一昼夜内就可繁殖 1026 个后代，其总重量等于（1.4×1017）吨。全世界海洋上部 100 米厚的水层中，浮游生物一年内可产生 600 亿吨有机碳。在漫长的地质时代中，气象总是在不断地变化，有时干旱不适于生物生存，但有时又温暖而湿润，有利于生物繁殖。第二，要有利于石油富集的地质构造。有一个长期下沉的盆地，

用以汇集容纳由江河或其它方式带来的大量泥沙物质，经过这样的构造变形，使分散的石油集中在构造的一定部位，成为可开采的油藏了。这种沉积盆地也称背斜构造，往往是储藏石油的仓库。那些沉降幅度大、沉积地层厚的盆地，往往是形成石油最有利的地区。而在这些大型沉积盆地中，因受挤压而突起的脊斜构造、穹隆构造又往往是储积石油最有利的地方。第三，要有能够储集石油的地层和保护石油不跑掉的盖层。在较大的湖泊或浅海中，由于泥沙来源地的气候、地形、构造运动等很多因素的影响，沉积物质的颗粒大小、种类有很大差异，不同种类岩层的互相更替是较为常见的。时而沉积一些粗粒物质如砂、砾等，可以构成储集层；时而又有一些细粒物质如泥岩层，把储集层封闭起来不让石油继续向地面移动。理论指导了油、气的寻找和勘探，在海上找石油，就是要找那些既有生油地层和储油地层，又有很好的盖层保护的储油构造区。

海洋石油探寻方法

地质层

全球真正吹响大规模向海底石油进军号角是在本世纪50年代后期，1995年全世界仅有10个国家从事这项工作。自60年代以来，从事海底石油和天然气勘探的国家增至20余个。1976年进行海上油气开采的国家已发展到近100个，进入90年代，开采国已增至100多个。勘探范围遍及除南极大陆以外的所有大陆架，有不少勘探工作已深入到较深的大陆坡和深海区。

现已探明海洋中蕴藏着全球 300 亿吨石油储量的 50% 以上。海底石油储量最多的首推波斯湾，湾内有 6 个年产油超过 1000 万吨，储量在 10 亿吨以上的特大油田，其次是委内瑞拉的马拉开波湖。海底天然气储量波斯湾仍居第一，北海占第二，墨西哥湾列为第三。

海洋油气资源深藏在海底深达 3000 米左右的地层中，又被海水覆盖着，所以探寻和开采要比陆地难，成本高，必须依靠高新技术。一般来说，探寻海底油气资源要经过地质调查、地球物理勘探及钻探等几个阶段。而地球物理勘探方法是探寻海底石油的主要方法。

对海区进行广泛的质调查

地质调查是在沿岸地质构造调查分析的基础上，用回声测深仪或用航空拍照的资料来研究海底地形的特点，或派潜水员潜入海底采集岩样，以确定可以形成或储油构造的海区。地质调查的主要方式为路线调查和面积调查。路线调查是在未经调查的海区，为了解地质概况，布设几条线而进行的调查，是按任务规定的成图比例尺，在调查海区布设一定间距的测网或测线而进行的调查。

海底石油的生成受到一定条件的限制，其分布亦不均衡。世界海底油气藏主要分布在被动大陆边缘的沉积层中，而主动大陆边缘较少。大洋盆地一般沉积较薄，沉积物细，

派潜水员潜入海底采集岩样

有机质含量低，不利油气的生成和储藏。

石油之海

中国沿海有广阔的大陆架，包括渤海、黄海的全部，东海的大部和南海的岸地带，这里分布着许新生代沉积盆地，沉积层厚达数千米，估计油气的储藏量可达数百亿吨，很有希望成为未来的"石油之海"。目前中国的海已发现的大型含油气盆地有七个，它们分别是渤海盆地、南黄海盆地、东海盆地、台湾浅滩盆地、南海珠江口盆地、南海北部湾盆地和南海莺歌海盆地。

地球物理勘探

海底采集勘探

在对海区进行广泛的地质调查后，就要对重点地区进行海上石油地球物理勘探，圈出沉积盆地的范围、岩性和构造状况。

海上石油地球物理勘探，为应用物理研究海底地质构造，寻找海底油气和某些海底沉积矿床的方法。最常用的方法有三种，即重力、磁力和地震勘探。这三种方法中又以地震勘探方法最重要。

地震勘探

地震勘探分反射法和折射法两种。但对寻找石油来说，反射地震勘探是最基本的、最重要的方法。由于海底地层的物质组成和构造不同，对同一地震波产生的反射波也不同。地震波在地下传播时，在不同介质中以不同速度传播，遇到不同的地层分界面，会产生反射和折射而返回地面。反射地震波用专门仪器记录这些返回地面的反射波，分析其传播时间、振动波形等特点，再借用计算机或仪器进行处理，就能准确地测定界面的深度和形态，判断地层的岩性，勘探含油气构造、石油等。

在海水中用炸药爆炸，或用压缩空气、电火花瞬时释放大量的能量，都能产生人工地震波。压缩空气又称"气枪法"，是利用气枪将高压空气迅速送入水中，形成气泡，借气泡在水中膨胀与收缩交替振荡产生震波的一种非

地震勘探

炸药震源。电火花震源为利用电容器将储藏的电能加到放置于水中的电极上，由于放电效应产生火花而造成振动。地震波传到海底遇到不同物质（石油、天然气与岩盐等）、不同地层（砂岩层与页岩层）、不同的构造（背斜构造与向斜构造），而产生各种类型的反射波。通过拖在调查船后一定距离装有接收换能器的组合电缆，可以接收不断反射回来的各种信号。同时还装有 6 个接收器的反射地震测量，而实际工作中接收器的数目远远不止这些，有时多达 500 个。每个接收器都同时接收和记录反射回来的各

种信号，这些信号经过电子计算机自动处理，就能绘出各种复杂的地质构造图来。反射地震法对寻找海底储油构造效果很好，因而成为海上石油勘探最重要的手段。

重力勘探

勘探重力

重力勘探为利用重力仪和扭称等精密重力测量仪器，探测地壳中各种岩体和矿体密度差异引起的重力变化，进而了解矿体的分布情况和地质构造的一种方法。重力勘探以牛顿万有引力定律为基础，在消除各种干扰因素后，就可用重力测量仪器找出埋藏深度比较小的勘探地质体的重力异常。在不同的地方，由于组成岩石的密度不同、埋藏的深浅不同、地质构造不同，重力也是不相同的。重力仪就像一杆"秤"，它非常灵敏，能测出10—5厘米/秒^{2}这样微小的重力变化。近几年来，由于卫星测高技术的发展，利用卫星测高数据反射算重力测量精度可达百万分之一。重力勘探就是通过在海上精确的重力测量，得到所测海区海底沉积岩的性质、厚度和埋藏的深浅，了解测区的构造情况，结合地球物理勘探资料来圈定石油的远景区。

磁力勘探

磁力勘探是通过在调查船后或飞机后拖着的磁力仪来进行测量的，分航空磁测和海洋磁测。地球磁场所以出现异常，是由于不仅整个地球具有磁性，是一个大磁场，地球局部地区的岩石和矿石也具有不同的磁性，能产生各不相同的磁场。我们通过磁力测量，就能确定磁性基底的位置和沉积岩的厚度，并了解海底的地质构造。

以上三种地球物理勘探方法均已获得广泛应用，由于每种方法都有其局限性，因而在实际测量中三种方法总是互相配合，取长补短，但以地震勘探为主。据预测到 2010 年，海洋石油勘探将仍以地震勘探为主，约占整个勘探工作量的 70% ~ 90%。在地震勘探中，高分辨率、三维地震成像和多波段等新的勘方法将占主导地位。三维地震成像系统是一种利用声波信号形成有关油田地下物质情况的计算机图像系统。美国休斯敦陆标制图公司及其它公司已研制成最新三维成像软件。美国 seabearm 仪器公司在墨西哥湾布放了一个 seabearm 多波束调查系统，用于油气的勘探。

此外，航空地震勘探方法也将出现。目前用得还较少的电法勘探将具有较大的发展前景。电法勘探为利用仪器测定岩石和矿石的电性差异来研究地质构造和找矿的方法。为进行地球物理测量和地质声波测量制造的温度

地质层

250℃、压力 150 ~ 200mpa 的测量仪器也将出现。

钻　探

在石油地质勘探中有一句行话——"地质指路，物探先行，钻探验证"。地球物理勘探的结果只能说明海底有没有储油构造，要知道究竟有

没有石油最直接的方法是钻探。在海上打多口探井，通过每口井中所取岩样品的分析，来搞清海底地层的岩性、油层的分布和厚度等情况，就能通过各种方法计算出海底石油的储量来。

海洋石油钻井

在陆地上钻井，只要把井架固定在陆上，钻机便可以进行钻探。在海上钻井就困难得多，海面总是处于动荡不定之中，要使钻井装置保持稳定，必须在海底建造高出于海面的工作台——海洋平台，海洋平台是在海洋上进行作业的场所，是进行海上钻井与采油作业的一种海洋工程结构。海洋石油钻探与生产所需的平台，主要分钻井平台和生产平台两大类。在钻井平台上设有钻井设备，在生产平台上设有采油设备。平台与海底井口之间，都有立管相通，平台一般都高出水面，能够避开波浪的冲击，其形式有三边形、四边形或多边形，有下上两层甲板或单层甲板，供安装与储存钻井或采油的设备用。

钻井施工

早先进行海上钻探和开采石油时，钻井大都设在岸上，倾斜着向海底钻探，这种方法只适合浅海区，而不适合较深的海区。当今钻井平台建造的发展趋势可概括为：作业的水深由浅入深；离岸的距离由近而远；经受的风浪由小而大，所以由固定式发展到移动

人类对海洋的开发

式。固定式只能适用于浅水区域，且只能限于一个地点，不能移动，目前固定式平台的工作，水深已达100多米，但由于钻井完毕后不能移动，所以多作采油平台。而活动式钻井装置具有既保证钻井时的平稳性，又具有移动和能适应各种水深的特点。

固定式钻井平台

固定式钻井平台为最早使用的钻井和采油装置，它既可用于钻井，又可用于石油生产。这种装置又可分栈桥式、带附属船式和自载式三种。载栈桥式固定平台出现最早，与码头相似。在离海岸不远，水深较浅的海区，用打入海底的桩柱来支撑平台，通过栈桥把平台与海岸连接起来，这是一种由陆地向海滩延伸的一种固定平台，适用于海洋

固定式钻井平台

海洋油气资源开发

浅滩、风浪平静的区域。带附属船式固定平台，是将最少限量的钻井设备设在平台上，其它附属设备、重要物资和生活区设在附属船上。自载式固定平台是将所有钻井设备全部安装在平台上，平台面积较大，有的还把底部设计成储油库，能储藏十几万吨石油，既可增加平台自身的稳定性，又

可降低生产成本。因为一座大型固定式平台的建造费需上亿美元，而它又不能移动再次使用，所以目前打油探井很少使用这种平台。

活动式钻井平台

油井管道铺设

这种钻井装置既能保证钻井时的平稳性，又具有钻井结束后易于移动和能适应各种水深的特点，因而从 1950 年出现第一台这类钻井装置以来发展很快。它分为四大类型。

座底式钻井平台是早期在浅水区域作业的一种移动式钻井平台。平台分本体与下体，由若干立柱连接平台本体与下体，平台上设置钻井设备、工作场所、储藏与生活舱室等。钻井前在下体中灌入压载水使之沉底，下体在座底时支撑平台的全部重量，而平台本体仍需高出于水面之上，不受波浪冲击，在移动时，将下体排水，提供平台所需的全部浮力。缺点是结构笨重，而且立柱在拖航时平台升起太高，容易产生事故。由于座底式的工作水深不能调节，已日渐趋于淘汰。目前浅水采用固定式，深水则用自升式。

自升式钻井平台

自升式钻井平台能自行升降的钻井平台，由平台甲板和四桩腿组成。在甲板与桩腿之间有升降机构可使两者作相对的升降。钻井时，桩腿下降支撑于海底。平台甲板沿桩腿上升，被托出水面以上，使其不受波浪的侵

人类对海洋的开发

袭。移动时，平台甲板下降浮于水面，接着桩腿拔起并尽量上升以减小移航时水的阻力。一般不能自航，由于桩腿长度有限，其最大工作水深一般约 100 米。为了减轻结构重量，桩腿数不过三、四条。桩

钻井作业

腿下端设有桩靴或沉垫，以加大其支撑面积而减小插入海底土中的深度，平台一般分上下两层甲板，作为布置钻井设备钻井器材和生活舱等用。自升式钻井平台所需钢材少，造价低，在各种海况下，几乎都能维持工作，其缺点是当移动时，由于桩腿升得很高，造成重心高，稳性差，抗风能力差；当到新井位时，平台在水面因风浪导致摇荡不已，当桩腿下降将要着底时，有可能弄断桩腿；当大风暴来临时，因急需拔腿移位，有可能产生拔不出桩腿的危险。但目前海上移动式钻井平台中自升式钻井平台仍占 45%。

半潜式钻井平台

半潜式钻井平台大部分浮体深沉于水面以下的一种小水浅面的钻井平台，由平台甲板、立柱和下体所组成。平台甲板供钻井工作用，上面设有钻井设备、钻井器材和人员舱室等。下体（或沉箱）提供主要浮力，深沉于水面之下，以减小波浪的扰动力。在浅水区，使平台保持管稳定，进行钻井，钻井工作结束，抽出"浮室"中的压载水，"浮室"上升，浮至水面进入拖航或自航状态。依靠底部抛锚固定的半潜式平台可以在水深 30～300 处作业；而依靠动力定位装置稳定的半潜式平台能在 600 米的海域作

业。半潜式钻井平台在深水区域作业时，需依靠定位设备，一般为锚泊定位系统，常规的锚泊定位系统通常由辐射状布置的几个锚组成，用链条钢绳与平台连接。水深超过 300～500 米时，需要采用动力定位系统或深水锚泊定位系统。

钻井船

钻井船是设有钻井设备、能在水面上钻井和移位的船，也属于移动式钻井装置。较早的钻井船是用驳船、矿砂船、油船等改装的，现在已有专为钻井设计的专用船。但缺点是稳定性差，作业效率降低。为了提高稳定性，科学家设计出双体船、中心抛锚式和舷外浮体等型式。钻井船由于船身阻力小，移动井位很方便，在钻井装置中机动性最好，作业水深大，一般可在水深大于 600 米的海域钻探，但也需有相应的动力定位设施。60 年代开始在钻井船上安

石油钻井船

装了动力定位装置。这种装置利用安装在钻井船底部的检波器来接受海底声呐信标发射的信号，通过船上安装的电子计算机，自动指令船的推进器工作，调整船只的偏移，使钻船始终保持在井口上方允许钻井作业范围内。世界上最大型深海钻井船于 1995 年开始建造，预计 2000 年可代投入使田。该船长 165 米，总吨位 15000 吨，定员 130 人，船内备有供各种实验用的研究设备、分析仪器，计算机等，该船的海底钻井深度可达 3500

米，建造费用达 50 亿日元。建成后，该船将成为一艘浮动的海上综合研究中心，并可到各个海域采集地壳样品。活动式钻井平台不仅数量增加很快，而且平台的技术性能也有了很大的提高。例如，日本三菱重工业公司为瑞典斯坦纳海运公司建造的半潜式平台，能经受速度为每秒 51.5 米的大风，高达 33.5 米的波浪和每小时 3 海里的海流袭击，能在没有补给的情况下连续工作 100 天。芬兰为原苏联建造的世界上第一艘防水石油钻井船，安装了一种特殊设备，一旦发现冰山袭来，可迅速撤离井场，并能以13 节的速度航行。格洛玛·挑战者号钻的探船能在 7000 米深的海上，依靠电子计算机控制的动力定位设备，使钻探船始终保持在所确定的井位上方一定范围内；利用声呐自导的再进钻孔装置，使钻探船可以在一个钻探地点，10 多次更换磨损的钻头，继续进行钻探，大大提高了钻井的深度。目前海上石油钻探最深的探井，已能钻到海底下 6963 米。世界各国的钻井船已超过 100 艘，新问世的钻井船排水量不断增加，钻井设备贮存更多，同时提高了深水作业能力。

海洋石油开发采油方法

科学技术向海洋最大的冲击莫过于对海底石油和天然气的开采了。开发海洋石油荟萃了许多尖端的科学技术。海洋石油与陆地石油开发，有着不同的特点。

当钻井按预期结果钻到油气层的时

石油运输船

海洋油气资源开发

候，储藏在岩石孔隙中的油气，由于受到周围压力作用不断流向井中，探井也就变成采油井；如果打不到油气层，探井就成为废井或干井。由于天然气的比重小，总是居于油之上，所以油井都是先喷气，后出油，采油方法一般有两种，一种是自喷不采油：在油层压力特别大的情况下，石油会自动沿油井喷出；第二种方法是人工提升采油，即油层的压力过低则需要增加压力来进行抽采。

采油的主要设备

井下设备。根据开采储油层的层数，选用单油管柱与多油管柱。多油管柱是把多根油管柱并排下列到油井的不同生产层段；这样，可减少多油层开采所需的井数。一般油管柱是下在一根注水泥的套管柱内。油管底部通常有一只封隔器，封隔器的作用是把油管与生产套管（在油井钻成后，下入井内的一根根连接好的无缝钢管。在大管与井壁间的环形空间中，注入水泥浆进行封固）之间的开环形空间隔开。这样，可以防止生产井的流体与压力对生产套管发生作用，仅使油管承受油井的压力、腐蚀和中蚀的影响。

人类对海洋的开发

石油勘探船

井口设备。主要是由各种高压阀门组成的所谓采油树。树上装有油嘴，控制井口液流，其出油阀可分自动控制与手动控制，采油树装于海底井口上，分湿式与干式两种，由采油平台加以遥控系统组成，也可直接装于平台上。

油气处理和石油的储藏运输。从油井口流出来的流体是原油、天然气和污水的混合体，在送往加工处之前，必须分离处理。一般从油井流出的混合流体，先经过分离器，原油部分再经过脱水器进入缓冲器减压，再进入贮油罐，达到外运标准后再加缓冲器减压，大部分天然气可经海底气管或外运天然气船外运，小部分不符合外运标准的废气则点燃烧掉。经分离得到的污水，经过污水处理系统，使其达到符合排放标准后，就地排放于海中。

海洋石油的储藏装置有储油池、储油船和储油罐等，储油池多呈饭盒状，周围设防波堤，池子之间相互隔开，数个油罐可组成一个海上石油储备基地。日本白岛基地是世界上首次建成的海上石油储备基

石油运输港口

地。它由8个储油池组成，单池容积7万立方米，总容积560万立方米，1984年开工，1991年完工，投资8.6亿美元。而海底贮油罐（又称水下油库），是最常见的一种贮油设备，常见的为"倒漏斗型"。1969年起始用于波斯湾油田，贮油量约8万立方米。其底部坐落于海底基础上，漏斗的出口直伸海上，筑有工作台，平台上设有泵站与输油设施。为了减轻重量和节省材料，油罐的结构可做成非耐压的，罐内必须随时充满石油或抽油时把海水注入，由于海水与石油直接接触，容易有油水混合的油部分，所以在输油管道上装有油水分离器。油罐不准备再贮油时，可以排空罐内的油水，使其浮到海面，再拖航至需要的地方。

水下井口的石油，经海底石油运输装置送到岸上。海洋石油运输装置

最常用的有海底管道和海上油轮两种。海底管道又分两种，一种是油田内部的管道系统，一种是油田以外的管道系统。内部管道系统用来输送油田到海上装油终端或其它生产平台，或从海底井口到生产平台；外部管道系统用来输送石油从一个油田到另一个油田，或从海底油田到岸上输油终端。此外，在海上，石油的事故性喷出或少量的泄漏，为害甚大，由此又增加了海内开采石油的困难。

储运技术

储运技术包括储油罐、储油平台、输油管及装卸终端。如按从近海到远海、从浅海到深海的顺序，又可分为全陆式、半海半陆或全海式储运系统。

石油储气港口

全陆式储运系统是把从井口采出的原油，直接经海底管线送到陆地，从油气的分离、降湿、脱水直到储存，全在陆上进行，然后经陆路或海路外运。这种各种系统适合于离岸很近、水很浅的海上油气田，不需在海上建造油气生产处理装置和储油平台。

半海半陆储运系统，是指油气分离、脱水及计算等作业在海上进行，然后把原油汇集到储油平台，再用油泵加压经海底管线输到岸上储运。全海式储运系统，适用于远离海岸的油田，其储油、运输的全部过程都在海上进行。

储油罐

这种容器设在海底，又称水上油库，是海上油田的一种储油设备，多呈"漏斗型"。其底部坐落在海底基础上，漏斗的出口伸出海面，并配有泵站和输油设施的工作平台。油罐的壳体为非耐结构，随时充满石油或海水，用以保持罐内外的压力平衡。波斯湾油田采用这种油罐，储油量约（8×105）米^3。另外，还有球形、环形等型式的海底油罐，其装在海底的架上。

储油平台

储油平台是一种具有储存油气能力的固定式平台。它采用钢筋混凝土建造，一般适用于深水可隐蔽的水域。这种平台的储油能力大，当装油船不能及时到达现场时，油井可以继续采油，避免频繁的并井

储油平台

和开井，以保持油井不间断地生产。储油平台的安装费用昂贵，在北海油田一般为 5 亿美元。

海上装卸终端

海上装卸终端是用于把原油直接进入采油平台附近油轮中的装置。该装置可在 360 度围内转动，使油轮对着风向停泊。目前使用的终端有多种类型。主要包括单浮筒系泊海上装卸终端和单腿锚式系泊海上装卸终端。

海洋油气资源开发

海洋矿产资源开发

海底矿产资源开发利用

人
类
对
海
洋
的
开
发

　　浩瀚的海洋不仅覆盖着地球71%的表面，也淹没着极为丰富的海底矿产资源。其种类之多、储量之大、品位之高，是陆地同类矿产无法比拟的。海底矿产按性质可分为金属矿产、非金属矿产和燃料矿产的初始矿产，结构形态可分为沉积物矿（非固结矿）和基岩矿（固结矿）两大类。沉积物矿包括海滩矿砂、大陆架沉积矿和深海沉积物矿，岩矿主要是指海底松软沉积物以下硬岩中的矿藏。目前能够显示海底矿产重要地位的是海底石油、天然气、大洋猛结核和各类热液矿产、滨海与浅海矿砂、海底煤矿等。人们经过半个多世纪的努力，特别是近30年来，使用了先进的调查装备、精密的测试方法和钻探技术，进行了系统的海洋地质和海洋地球物理调查，积累了大量的海洋环境和海底地质资

大型海上石油钻井平台

料，已经初步揭开了海底矿产资源的秘密。

在海底矿产资源中，有的是现实资源，有的是潜在资源。在已开发的矿产中有海底石油天然气、矿砂、海底煤矿等。海洋石油的产值在海洋经济总产值中名列首位，而海滨与浅海矿砂是目前投入开发的第三大矿种。海洋矿砂品种繁多，

油轮

已开采的有锡石、锆英石、钛铁矿、磁铁矿、金红石、金、独居石、磷、红柱石等。海底矿产资源中，更大量的是潜在资源，如洋锰结核矿对世界未来发展的矿物要关系极大，因此备受重视。

海底矿产资源勘探

海底矿产资源的勘探分为浅海勘探和深海勘探。深海勘探的对象主要是锰结核矿、热液矿；浅海勘探的对象很多，有石油、煤、铁和各种金属矿砂。近年来，石油勘探已向深海发展。浅海勘探的地点主要是滨海及大陆架，大陆架的地质和大陆的地质与勘探有一定的联系，因而岸上的地质资料可供浅海勘探参考。此外，勘探海底矿物需要合适的调查船，对调查船的要求主要取决于想要寻找的矿产类型和位置。

勘探方法有直接方法和间接方法。直接方法主要有观测和取样；而间接方法主要有声学探测技术、地球物理方法和地球化学的方法。

直接方法

　　直接方法即观测海底矿床在海底中的位置，在浅的水域主要靠潜水员进行观测，而深的水域要靠载人潜水器进行观测。较常用的直接观测海底的方法是利用照相机和水下电视。目前水下照相机在海洋地质调查中已发展成一种较完善的工具，在研究海洋矿床方面已被广泛采用。水下照相机能够连续地拍摄海底相片，在拍摄过程中使照相机刚好在高于海底的位置上，同时周期性地被触发。

潜水员进行水下观测

　　目前已利用各种具有广角镜头并能拍摄数百帧照片的大型静止照相机。德国采用的 70 毫米海底静止照相机，能曝光大约 300 次。这种照相机由具有能源和电子控制装置的照相机、闪光灯和触发器三部分构成。当触发器触及海底，它能够自动摄取海底照片。最新的发展是以声呐控制代替机械能触发器并配备自返式取样装置，在拍摄照片后自动返回海面而被回收。但是，水下照相的缺陷是不能连续地进行拍照，不得不将照相机从海底回收，并且必须等到照片冲出来后才能获得关于海床矿床的资料。利用水下电视可以连续监测海底，并可将观测结果制成录像磁带作永久保留。但由于深海缺少光线以及摄像系统的分辨率有限，每次摄像只能获得相对小范围的海底像，另外由于摄像机不得不以缓慢的速度拖动，因此在水下电视操作期间所耗费的时间相对较多。

取样

采集矿物样品是探查浅海深度及大洋底矿产资源的最基本、也是最重要的手段，主要有以下几种。

表层取样即用采样工具获取海底表面物质样品。常用的取样器有"绳索抓斗取样器"。抓斗下降时都是开口的，当接触海底后即自动抓砂封闭。利用绳索抓斗取样器在海底捞取矿样，由于它灵活机动，不受海水深度限制，海底不平整和粒度大小不均匀都没关系，因而成本低，使用广泛。但它只能捞取海底表层的矿样。

海底采样

另外，较常用的还有由金属链条或绳索构成的拖斗式或拖网式表层取样器，斗和网都有细孔，可以漏水。它们一般是在深海中用以捞取结核矿、岩块、砾石等样品。这种古老而又新颖的取样方法，因其成本低、灵活机动、不受海水深度的限制而使用较广。但所获取样品往往会混在一起，所以仅能作定性研究，不能定量分析。

柱状取样是用各种取样管采取海底以下一定深度的柱状样品。常见的取样管有重力取样管、水压取样管、活塞取样管。活塞取样管的工作要点是：着底时，活塞的下面通常要紧紧地粘在海底泥土的表面不动，而只让管子完全插入泥土中。

钻探取样

海上钻探取样和陆上钻探取样的工艺过程相似，也分浅孔钻探和深孔钻探两类。浅孔钻探取样适用于海底砂层下部矿物的取样，也可用于采集锰结核和海底沉积的柱状样品。金刚石、锡石矿很深，所以需要用钻孔提取砂层下部的矿样。孔深度不等，视砂层厚度而定，由 1 米到 30 米以上，铅钻直径由 10 厘米到 90 厘米。在砂层中钻孔速度很快，因而成本也不高。使用的都是空心钻，以便提出岩芯，这样取的岩芯矿样在质量上有保证，可做定量分析。常用的钻探装置有旋转钻，落锤钻，扣桩钻，震动钻。

间接方法

间接方法是在勘探中并不与岩石矿物直接接触，而是利用精度很高的仪器来探测岩石矿物的性质和埋藏深度的勘探方法。如利用声学探测技术中的精密回声测深仪、旁侧扫描声呐等。利用岩石矿石具有各种不同的物理性质，如密度、溶度、磁性、导电性等物理性质，采用地球物理方法等。

人类对海洋的开发

利用旁侧扫描声呐可以发现任何含锰结核地区中的其它的富集区。此外，高分辨率的旁侧扫描声呐还可以绘出粗糙海底锰结核分布区的概况。

利用地层剖面仪可以探测数千米水下

海上声纳采样

的海底沉积层厚度及地质构造，实时获得海底地质剖面图，利用多普勒流速剖面仪可以在航行中连续测量水层剖面的多个层次的流速，最多可达64个层次，甚至更多。测量的数据由计算机实时处理。水下高速声信息传输系统可以将海底观察到的电视图像和声图像输送到水面。

海滩砂矿开采

砂矿是在水下环境中由碎屑矿物颗粒的机械富集作用形成矿床，存在于海滩和近海海底。人们不仅可以从这些灰黄的泥沙中掏出多灿灿的黄金，提炼出原子能、航空、冶金和国防工业的原料，如锆、钛、锡、铂，还可以用它来炼铁，就是砂子本身也是建筑上不可缺少的重要材料，如可用来制混凝土，以及用于玻璃和矿轮的生产中。

海滨砂矿分布十分广泛，矿种也很多，由于分布在海滨地带或水深不大的海域，因而比其它海底矿产的开采技术容易得多。此外，它们经过水流的淘刷和分选，分布比较集中，品位比较高，往往又含有可供综合利用的

海滨砂矿分布十分广泛，矿种也很多

多种矿产，所以在目前海底矿产资源的开发中，产值仅次于海底石油，列居第二位。

海滨砂矿的开采已有100多年的历史，1852年起美国就在西海岸采砂金和砂铬，1902年泰国在近海采砂锡，西南非洲1962年起开采近海金刚石砂矿。海滨砂矿在世界矿产中占有一定的位置。海滨钛铁矿产量占世界

总产量 30%，锡石占 70%，独居石占 80%，金红石占 98% 毛，锆英石几乎占 100%，金刚石占 90%。此外，砂金、铂等也都占了显要位置。

现在在海滨进行大规模开采的，有世界上最大的金刚石矿，东南亚的砂锡矿，阿拉斯加的砂金矿和砂铂矿，大洋洲的钛矿和锆石，日本的磁铁矿砂，冰岛的贝壳，以及美国西岸外的各种重砂矿和英国的沙砾矿等。

海滨砂矿

构成海滩的大部分物质是由江河冲刷到海滨的。这类物质来自江河流域内大陆岩石的风化作用，太阳、风、水、大气所发生的作用是一部巨大无比的粉碎机。它既不需要人工，又不消耗能源，却能为人类创造出大量的财富。大陆上露于地表的各种岩石和矿藏长期经受着雨淋日晒和冰霜风雪的侵蚀。岩石暴露在地表，白天受太阳强烈照射，因为岩石导热性比较差，岩

砂矿最富集的地带与现代海岸线或古海岸线相平行，呈条带状分布

石表面的温度比内部高，夜间表面的热散失快，温度又比岩石内部低。由于岩石各个部分受热不均，温度变化又不一致，使岩石反复发生不均匀的膨胀、收缩，天长日久便慢慢崩解，破碎成有粗有细的碎屑。除了物理风化作用外，物质还会发生化学风化作用，即有些矿物在空气中与氧、水作用，发生氧化、溶解、水解而被破坏。结晶岩石有些矿物含有二价的铁离子，二价铁在空气中也像铁器生锈一样，很容易氧化，变成三价铁，这就

使原有的矿物遭到破坏，进而使整个岩石分离。分解出来的一部分矿物因为具有硬度小、易破裂等特殊的物理性质，在流水搬运中铁破裂而变小消失。当岩石中这些易风化的矿物被破坏掉，那些不易风化、化学性质稳定、相对密度大的矿物就分离出来，并被流水、冰川或风搬运到河口和海滩上，又经波浪、沿岸流和潮流日夜不停地反复淘洗、分选，一些硬度低的矿物被进一步磨碎，随同密度低的矿物一起被卷向远离海岸的地方，而密度大的矿物就在海滩上集中起来，从而形成海滨矿砂。所以，矿砂的形成需要有原始物源、风化侵蚀作用、搬运作用和富集作用四个过程。

大多数砂矿存在离源地几千米的范围内，因而海洋矿砂实际上被限制在海滩和近海浅水区，水深不过几十米。但是，古代砂矿可存在于古沉没海滩或是在大陆架最外边的溺谷中。砂矿最富集的地带与现代海岸线或古海岸线相平行，呈条带状分布，延伸好几公里甚至数十几公里以上。有些地区由于海平面的变化，使原来形成的海滨砂矿发生了位移。当海平面下降时，原来的海滨砂矿就会露出海面，被抬高到附近的岸上；当海平面上升时，原来的海滨砂矿又被覆盖在浅海海底，成为埋藏于现代沉积物层下面的古海滨砂矿和河谷砂矿。沉没在海底下的河谷砂矿往往埋藏得比较深，有时沿着埋没的河谷延伸到离海岸几百公里的地方。例如泰国的海底河谷锡砂矿就埋藏在27～40米深的古河道沉积层中；印度尼西亚的锡砂矿则从海岸向海延伸8千米之远。由于海洋环境每年的季节性变化和陆地上带入海洋中的物质的周期性差异，使砂矿层的沉积层组成具有明显的规律性。一层层很薄的重矿物和粗细不同的沙、粉沙相间重叠，形成了层状或透镜状的砂矿层，并略微向海方向倾斜。现代沉积的砂矿层都位于沉积物的表层，有的埋藏很浅或在沉积物下面的岩石表面上；而沉没于海底的河谷砂矿和古海滩砂矿一般则埋藏得比较深。重矿物通常多集中在磨圆度良好、粒度均匀的细沙和粉沙中，而相对密度特别大的金、铂等矿物，又往往富集在粗沙、沙砾等粗粒沉积物中。一些硬度大，不容易磨蚀的矿物，还可以完好地保存着，在岩石中形成各种漂亮晶型，如金刚石、金红石、锆石、独居石等。

海滨砂矿的开采

海滨砂矿种类很多，多使用采砂船进行开采。采砂船上设有采矿、选矿和脱水设备。由于砂层厚度不同和海水深度不同，使用的开采方法也不同。开采海滨砂矿，比开采其它海底矿产要容易得多，但与陆上采矿相比，仍然受到许多条件的限制，特别是海区的风浪，常使采矿船不能连续作业，所以开采成本较高。但在海滨开采砂矿，也有其有利的条件：由于是松散矿井，开采时一般不用炸药爆破和破碎工序；矿床贮存在海底的上部，开采时一般不用剥离，在开采的同时还可以进行初选，把废砂排回海中，提高矿砂的品位，以便于运输。

大陆矿产资源开采

在大陆边缘地区，除了有石油和矿砂以外，大陆架上的矿藏按结构形态可分为沉积物矿和基岩矿。沉积物矿中主要有磷灰石、海绿石、硫酸钡结核、钙质贝壳等，基岩矿中主要有海底煤矿、铁矿、铜矿、锡矿、海底硫酸磺矿、海底钾盐矿和海底盐矿等各种矿产资源。它们的分布区域虽然可以一致，但成因却不相同。海滨矿砂属于陆源沉积，形成于近岸环境；磷钙石和海绿石为自生矿物，一般产于外大陆架和大陆坡上；而煤、铁、铜等金属和非金属，则是生成于海底松散沉积物层下面的基岩之中。目前开采中的基岩矿种主要有：海底煤矿、海底铁矿、海底锡矿、海底重晶矿、海底硫磺矿、海底钾盐矿和海底岩盐矿等。近岸海底固体矿床大多位于大陆架上，多是陆地矿床的延伸，由于埋藏在海底之下，所以开采比较困难。从总的情况来看，开采基岩矿产的整个海底矿产资源的开发中，目前尚居较为次要的地位。但对一些资源短缺的国家或有较大经济价值的矿种，则具有重要的开发价值。

在海底开采坚固整体矿床，一般由陆上巷道或建立人工岛进入采矿区。

海洋矿产资源开发

人类为了生存和发展，很早就开始从海洋里取"宝"。早在公元前2200年以前，我们中华民族的祖先就开始从海水中提取食盐。1620年，英国人在苏格兰海岸利用竖井开采浅海底的煤矿。1896年，美国在加利福尼亚利用木栈桥和木质平台开采浅海中的石油。1898年，美国人在阿拉斯加西部的诺海湾开采砂金矿。1906年，泰国在地岛与大陆之间的海域开采锡砂矿。1926年，美国第一次从盐卤中提炼出镁。1931年，澳大利亚在新南威尔士州和昆士兰州开采海滨锆石和金红石。1947年，美国在墨西哥湾首次利用钢制石油平台开采海底石油等等。这些，说明人类开发海底矿藏活动一直未停止过。但在20世纪60年代以前，人类对海底矿藏的开发仅限于海滨和浅海，且开发的规模比较小。60年代以后，世界各国把海洋矿产资源开发向深海转移，不少国家增加投入，使海洋矿产资源得到较详细勘查，特别是对浅海底的石油、天然气和深海底的锰结核进行了更广泛的勘查，海洋矿产资源的开发规模不断扩大。目前，已有100多个国家和地区从事海洋矿产资源开发活动。

海洋矿产资源开发与陆地矿产资源开

矿石勘探仪

发有很大差别。海洋采矿既有陆地采矿不可能有的有利条件，又存在不少不利因素。

现在，已有40多个国家勘探和开采滨海砂矿，开采的矿物已达20多种。进行大规模开采的，有南非的金刚石矿，美国阿拉斯加州的砂金矿和砂铂矿，智利沿岸的砂金矿，大洋洲的金红石、锆石和独居石等矿，东南亚浅海的锡砂矿，日本的磁铁矿，冰岛的贝壳和英国的沙砾矿等。

砂金矿

金子，是财富的象征，黄金储备的多少，是一个国家财力的标志。因此，它是一种贵重金属。同时，它又是一种良导体，它的合金用于电工和无线电技术领域。因此，"淘金"是人们梦寐以求的事情。尽管滨海砂中含金属不多，但人们还是要"沙里淘金"。

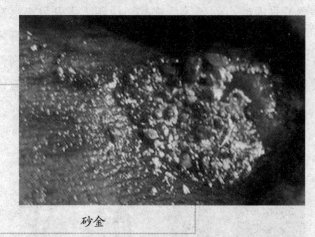

砂金

海滨砂金一般产于近岸浅海区的沉没河床和古海滩沉积物中，含金的沉积物是一些细砂、粗砂及砾石的交集层。金主要含于基岩和松散沉积层之间的薄砂矿中。

世界上最早从海滨砂中取金的地方是美国的俄勒冈州沿岸。早在1852年那里的人们就曾在海滨开采金和铂。世界闻名的阿拉斯加诺姆砂金开采始于20世纪初期，至今已有七八十年的历史。该砂金矿沿诺姆海岸延伸5千米，矿层宽达90米，厚0.3～0.9米。在岸上也有两层砂矿，一层厚0.15米，另一层厚1.5～3米。诺姆金矿平均含量高达5.2～50克/吨。此外，在美国阿拉斯加和加拿大、智利

人类对海洋的开发

西部海岸已有开采。进入 20 世纪 80 年代。在白令海大陆架上又发现了好几条沉没河床和古海滩的含金沉积物，在美国的俄勒冈到加利福尼亚岸外，俄罗斯的萨哈林岛（库页岛）西部至堪察加半岛外海，以及日本海的东京湾，也有含金的重砂矿物。

"八五"期间，中国的地质工作者对山东莱州湾进行综合勘查，经对该地区海底表层沉积物中金的含量测试分析，圈定了 6 处含金区；同时，对地质钻孔沉积物测试分析，发现 23 处含金层。经对地质钻孔中沉积物自然重砂分析，发现含金样品 54 个，单样最高品位 0.7263 克/立方米，砂金矿层最大厚度 2.91 米。

砂金矿中除了黄金外，还常常含有铂和铂族金属元素。俗称白金的铂也是名贵金属，具有优良的抗腐蚀性，在高温条件下不氧化，还具有良好的催化作用，因此广泛应用于化学工业和电子工业，如用来制造耐腐蚀的化学器皿、高压电极和催化剂。铂砂的主要产地在白令海和阿拉斯加近海，那里发现了长达数百千米的铂砂矿，是陆地上其它河流铂砂矿所望尘莫及的。

金刚石

金刚石是自然界最硬的矿物，它可以制造高速切削工具和钻头，削铁如泥。它有鲜艳夺目的光彩，是一种最贵重的宝石，制成首饰使人顿添珠光宝气。金刚石还可制造拉丝模，拉成的细丝可做降落伞

金刚石是自然界最硬的矿物

海洋矿产资源开发

的线。

金刚石外形多呈有棱角的结晶体，最常见的形状为八面体和菱形十二面体，晶面常弯曲成球面，使整个晶体浑圆。金刚石的莫氏硬度为10，号称"硬度之王"。纯净的金刚石无色透明，在紫外线下显现出淡青蓝色荧光。据说有的金刚石夜晚可以发出荧光，成为亮晶晶的"夜明珠"。

金刚石的最大产地在西南非洲

金刚石的最大产地在西南非洲。由于奥兰治河流经含金刚石的岩石区，把风化的金刚石碎屑带入河谷冲积区，形成大量的金刚石砂矿。其中一部分被带入大西洋，并在波浪的作用下，扩散在沿岸1600千米的浅滩沉积物中，形成了富集的金刚石砂矿。

第一次在海滨砂中发现有金刚石是在1908年。现已查明，非洲纳米比亚的奥兰治河口到安哥拉的沿岸和大陆架区都有广泛分布，估计总储藏量有4000万克拉。在奥兰治河河口北面长270千米、宽75千米的地带特别富集，含金刚石沉积物厚0.1~3.7米，每立平方米平均含金刚石0.31克拉，储藏量约有2100万克拉，1968年开始开采，每月生产金刚石10万克拉。

锡 矿

锡可以从海滨砂中提取。锡是一种普通的金属，焊锡、牙膏皮、各种日用锡制品是大家常见的。锡的合金可用于电机、机械制造和无线电、印刷等工业。锡的氧化物可制造染料、颜料、搪瓷和玻璃等轻工业品。

原生的锡石主要形成于 6500 万年前至 13500 万年前的花岗岩、伟晶岩及热液矿脉中，后来，经过长期的风化剥蚀，锡石碎屑被河流搬运到海滨，堆积成层状矿，目前有的矿体在岸上，有的在半海滨带，也有的沿海底的河谷故道延伸。

滨海岩区矿开采

东南亚浅海区蕴藏着丰富的锡矿，著名的如印度尼西亚的勿里洞岛、林加群岛的新克楠岛和邦加岛近海，以及泰国的普吉岛附近海域和马来西亚马六甲的东南沿岸。这个地区是东南亚的锡矿成矿带。

泰国普吉岛附近海底的锡砂矿，早在 1906 年就开始开采，已有 90 多年的历史，矿区面积达 3000 平方千米，厚度最大为 30 米，每立方米海砂中含 0.2～0.4 千克锡石，最高可达 1 千克/米³，估计储藏量为 4.2 万多吨。

此外，俄罗斯的拉普捷夫海和东西伯利亚海，英国的康沃尔近海也有锡砂矿分布。

锡砂矿

海洋矿产资源开发

磁铁矿砂

磁铁矿经过冶炼可以制成生铁、熟铁、炭素钢、合金钢和特种钢。磁铁矿虽然是海砂中最常见的矿物，但要作为一种矿产被开采，必须高度富集、储藏量达到相当规模才行。

在海砂中开采磁铁矿石

目前世界上一些缺乏铁矿资源的岛国仍在进行开采，其中以日本的开采规模最大。日本全国铁矿资源不过 2 亿吨，其中 1.6 亿吨为砂铁矿，主要分布在北海道的喷火湾，本州的青森、千叶、岛根以及九州的鹿儿岛湾等近海。北海道喷火湾西海岸的河流海滩沉积物中，磁铁矿品位较高，平均含铁 60%，矿层沿海滩分布，长 2500～4000 米，厚 1～3.5 米，是日本最大的海滨铁砂矿。

其他地区，如菲律宾吕宋岛的西海岸、澳大利亚、新西兰北岛、俄罗斯、斐济群岛以及美国布里斯托尔湾的海滩和浅海区也有分布。中国的辽东半岛、海南岛、台湾岛等地也有分布。

重矿物砂

钛铁矿呈黑色、粒大、性脆。它们都是提炼金属钛的重要原料。钛是比铁还坚韧得多的金属，而且比重只有 4.5，仅为铁的一半多一点。它不会生锈，熔点高达 1675℃。钛合金既能经受住 500℃以上的高温锻炼，又

能抗住 -100℃以下低温条件的考验，是制造超音速飞机、火箭、导弹不可缺少的材料。

独居石，其实并不"独居"，常与金红石、钛铁矿、锆石等矿物"居住"在一起。它的比重为 4.9～5.5，呈棕黄色或褐色，板状或柱状结晶，含有铈、镧、钍等元素，其中钍的含量高达9%。钍可代替铀做核反应堆的燃料。

锆石是两头尖尖的四方棱柱体，比重 4.7，质硬而脆，棕色或无色，在紫外线的照射下，能发出橙黄色的荧光。锆石提取的锆，熔点高达 1852℃。它的氧化物熔点更高可达 2700℃以上。因此，在耐火材料、玻璃、电工等领域大有用途。锆的抗腐蚀能力极强，而且很少吸收中子，常被用来做核反应和燃料元件的防护屏。例如，一艘 3 万马力的核潜艇，就要使用 20—30 吨的锆及其合金材料。

在锆石矿中几乎都含有金属铪。铪比锆还耐热，熔点为 2150℃，而且还具有快速吸热和放热的性能。铪的碳化物的熔点竟高达 3290，是金属碳化物中熔点最高的一种，可用于喷气式飞机、导弹、火箭上的耐高温部件。

世界上一半以上的金红石和锆石、1/4 的钛铁矿产于大洋洲。大洋洲长 1.9 万千米的海岸中，1/3 以上蕴藏这些矿物，分布面积达 50 万平方千米，素有"金红石之乡"的美称。澳大利亚从 1933 年起开始开采金红石。印度也是蕴藏重矿物砂矿最多的国家之一。早在 1906 年就开始开采。美国的卡罗来纳和佛罗里达海滩富集的钛铁矿，占美

独居石，其实并不"独居"

国已探明储量的50%。据估计，美国大西洋陆架的钛铁矿储量可达10亿吨，相当于美国陆上钛铁矿储量的10倍。

滨海砂矿的开采是海底矿藏开采中最方便的一种

滨海砂矿的开采是海底矿藏开采中最方便的一种。如今用采矿船开采滨海砂矿的方式有四种：链斗式、吸扬式、钢索式和空气提升式。它们分别适用于不同的开采深度。

这些作业方式的工作原理是很简单的。链斗式就是在连续传动的链条上安装很多个挖砂铲斗，随着链条的循环转动，源源不断地将矿砂提升送至矿船舱内，就如同水车车水一般。

吸扬式如同吸扬式挖泥船挖泥，又如同抽水枫抽水一样把矿砂通过管道从海底吸到船舱内，或直接输送到陆上的指定地点。在吸管头部常安装旋转刀具或高压水喷射管，用它们将矿层疏松，可提高吸扬效率。

钢索式的开采方式，实际上就是建筑工地上常见的挖土吊车。钢缆下部装有采矿抓斗，把矿砂一斗一斗地抓起上提，然后倒入船舱。

空气提升式就是在吸砂管内泵入高压空气，使空气气泡、矿砂和海水三者混合成比重小的混合物，这样吸砂管外部的海水压力就大于吸砂管内的压力，利用这个压力差将混合物送到船舱。

从海底采取的矿砂一般品位都很低，而且矿物成分复杂，必须进行选矿作业。选矿一般采用重力摇床、磁选法、静电选矿法。

人类对海洋的开发

深海奇珍锰结核

锰结核是卵形矿物，颜色比巧克力豆略深，直径约有 1 英寸。卵形物基本上是由纯净的过氧化锰和氧化铁组成。

约翰·默里爵士和地质学家阿贝·雷纳德教授系统地对这些卵形物样品进行了研究。9 年以后，他俩发表了详细的研究报告，正式把这些鹅卵石形状的东西命名为"锰结核"。

锰结核有哪些属性？

锰结核的形状看上去像鹅卵石，可鹅卵石是里外一种颜色，而锰结核却有一个由生物骨骼或岩石碎片构成的核。

锰结核大多数呈块状，有的浑圆似鹅卵石，有的像贝壳，还有的由许多结

锰结核

核聚集在一起仿佛一串葡萄，少数锰结核则呈不规则形状。它们的个头有大有小，小的如砂粒，大的如巨石。锰结核的颜色也不是单一的，一般以黑褐色最常见。颜色的不同取决于锰结核诸金属元素的含量。如铁的含量较高时，多为红褐色或褐色；锰的含量高时，呈蓝色或黑色。多数锰结核的表面模糊不清，但也有透明度高的。

锰结核是怎样形成

关于锰结核的金属元素供应源，科学家提出三种方式：一是大陆或岛屿上的岩石风化后分解出的金属离子，被风或河流带入海洋；二是海底热液，海底岩石的分解作用可以为锰结核提供所需的金属元素；三是海水本

基岩矿

身是一个巨大的供应源，因为海水里含有许多锰结核的元素供给源，尽管它的数量不大。锰结核的成因是个复杂的问题，至今仍未有公认的见解。锰结核主要分布在太平洋，其次是印度洋和大西洋的所有洋盆和部分深海盆地。根据世界洋底的构造地貌特征和海区所处的构造位置以及锰结核的成分、结核丰度，可在世界大洋划分出 15 个锰结核富集区，其中 8 个位于太平洋。东北太平洋克提里昂与克里帕顿断裂带之间，即锰结核丰度高达 30 千克/米^2，铜、钴、镍的总品位一般大于 3%，是最有开采价值的海区。中国已于 1991 年 5 月成为世界上第五个具有先驱投资者资格的国家，最近几年来，先后进行了 8 个航次的勘察，至 1998 年，最终完成了开辟区 50% 的斟察任务，从而在东北太平洋圈定了 5×104 千米^2 作为中国 21 世纪的深海采矿区。

海底基岩矿

基岩矿产是指埋藏在海底表层下面岩石中的各种矿产。它既包括陆缘海底基岩矿产，也包括深海海底的基岩矿产。其种类很多，有煤、硫、石灰岩等非金属矿产，也有铁、锡、铜、镍等金属矿产。

近岸带和大陆架浅水区埋藏的基岩矿产，多是大陆上矿脉的延伸。因此，陆上发现的矿产都可以在浅海海底找到。开采海底岩石的矿产，一般采用两种办法：一是从陆地开掘巷道，一点一点地向海底矿藏区掘进；二是建立人工岛开竖井采掘。这样，只能限制在离岸边不远的海域作业，而且开采的是具有特殊价值或规模巨大的矿藏。

海洋蓝色农牧业开发

海洋种植工业

养殖海藻可以作为人类食物、牲畜饲料，也可作为农业肥料，还可作为燃料，提炼石油、天然气。

石油、天然气是一种矿物燃料，属于一次性能源。石油是某种特殊细菌在特定条件下，分解生物体中有机物质而形成的。一些特殊细菌，在人工条件下也可分解海洋中的植物——海藻，经过几个星期就可生产出甲烷一类燃料，即可炼成人造石油。

巨海藻

海藻是海洋中最多的一种海洋植物。海藻种类很多，大多数海藻在海洋中飘浮，直接从海中获得营养物质。在海藻中有一种叫巨海藻，不仅繁殖快，而且长得高。最长的巨海藻可达到300多米，比陆地上最高的树木还要高大。巨海藻竖立在海中，像巨大的海底森林。巨海藻生长速度惊人，当它在海洋中站住脚后，就开始向上朝有光的方向生长。从一根茎开始像树一样向水面生长，每天能长 30 ~ 45 公分，叶长 45 米。当它长到水面时，褐色的叶子由气囊支撑，开始向阳光照耀的海面伸展出来，在海面上飘荡。太阳能通过海藻的叶子转化为化学能。

巨海藻干燥后可直接作为燃料，也可经过发酵得到甲烷，可制成合成油。美国一位科学家研究了一种用海藻合成油的办法：将干燥的海藻与少量矿物油混合，成为浆液，加入高压釜，再通入氢气，在催化剂作用下，加压、加热。海藻在高压釜中分解成为溶解凝状沥青烯，并逐渐氢化，得到一种类似于轻柴油的液体，呈浅褐色，可以与原油掺和，作燃料使用；还可以产生甲烷、乙烯、氨、二氧化碳等气体，它们既可作为燃料，又可作化工原料。

海洋捕捞

鱼是海洋中的主要生物，海洋是天然的鱼仓。

世界上现已查明的鱼类有 2 万多种，其中海洋鱼类有 1 万多种，经常供人们食用的就有 1500 多种。

海鱼是人类的优质食品，不仅味道鲜美，还含有丰富的营养物质，海鱼中含有丰富的蛋白质、脂肪、糖类、矿物质，还含有多种氨基酸和维生素，它们是人体所必需的营养物质。海鱼除了能食用外，还是重要的工业原料。鱼皮可熬胶，一些鱼可制肥皂；鱼鳞可制鱼鳞胶、磷光粉；鱼头、鱼骨可加工成饲料和肥料。可以说，

海底鱼群

海鱼浑身是宝。

海洋中的鱼类需要捕捞，才能成为人类餐桌上的美味佳肴以及工业上使用的原料。

海洋渔场

生机勃勃的海洋，生长着茂盛的海藻和大量的浮游生物，适合于鱼类生长，是理想的渔业环境。特别是沿海海域，很多河流流入海洋，带来了极为丰富的物质。一些沿海地区，寒、暖流汇合，适合于海洋鱼类的生长、繁殖。

辽阔的海洋蕴藏着巨大的海洋鱼类资源，可捕量达到 2 亿吨。世界上有 4 大著名海洋渔场，它们是：

北太平洋渔场，从日本近海直到阿留申群岛、阿拉斯加等广大海区，盛产大马哈鱼、鳟鱼、鲽鱼、鳕鱼、狭鳕，还有蟹、虾。

辽阔的海洋蕴藏着巨大的海洋鱼类资源

东北大西洋渔场，主要出产大西洋鲱鱼、鳕鱼、鲐鱼、毛鳞鱼，还有虾类。

西北大西洋渔场，从美国北部和加拿大相接近的纽芬兰岛附近，一直延伸到格陵兰岛西岸，其渔获量大体相同于东北大西洋渔场，其近岸盛产虾类。

秘鲁沿海渔场，它是由于秘鲁海流和上升流作用，使大量营养物质不断上升形成的大渔场。

此外，我国沿海渔场、东非沿海渔场、澳大利亚东海域渔场、南太平洋渔场、北冰洋鲸渔场，也是世界有名的渔场。

人工鱼礁

凡是海底有形状不规则的物体都会吸引鱼群。人们把海中吸引鱼群的物体叫做"人工鱼礁"。人工鱼礁所以能吸引海洋鱼类，众说纷纭，有人认为，海底人工鱼礁的出现，影响海水流动，形成上升水流，把营养丰富的底层海水带上来，躲避风浪，又可躲开天敌伤害；还有人认为，鱼类天性就喜欢在物体周围游来游去，特别是喜欢在缝隙处游动。

日本是世界上投入人工鱼礁最多的国家

尽管人们还未彻底弄清人工鱼礁聚集鱼类的机理。但是，人工鱼礁聚集鱼类已经许多海洋学家的实验所证实。现在世界上许多国家都建有人工鱼礁，不同国家在不同海区放置了不同类型、不同构造的人工鱼礁。菲律宾渔民自行设计、建造了一种能浮在海中的鱼礁，叫"排瑶"，用来诱集中上层鱼类；马来西亚渔民也使用一种能漂浮的鱼礁，叫"安吉尔"。

日本是世界上投入人工鱼礁最多的国家。日本渔民从1950年开始，为鱼类造人工鱼礁，他们把各种废旧物品，诸如废木船、废汽车、废钢铁、石头、水泥块、废发动机，一股脑儿扔入海洋，建起很多人工鱼礁。在人工鱼礁中，鱼儿欢跃，捕鱼量大大增加。

人工鱼礁规模越来越大，构造也越来越完善。有的人工鱼礁外面围筑人工防波堤，防止风浪袭击。人工鱼礁的形状也是多种多样，有圆筒形、三角型、柱型、多面体型、半球型、漏斗型，五花八门，有的还装饰华丽，以吸引鱼群。

人工鱼礁的出现和应用，为发展海洋牧场打下了物质基础。一些大型人工鱼礁已发展成了海洋牧场，为人类提供大量动物蛋白质。

海洋牧场

蓝色的海洋是海洋生物的故乡，那里生活着鱼、虾、贝类及其他海洋动物。人们通过传统的海洋捕捞方式捕获它们。

陆上有牧场，牧民赶着牛羊放牧，牛羊在草原牧场上自由自在地生长。海洋上有渔场，渔民能否在渔场上放牧？人们能否在海洋上建造蓝色的海洋牧场？

人工鱼礁的出现，使鱼在海洋中有了"住宅"，有

深海鱼群（一）

了安乐窝。海洋工程技术的发展，使得海洋牧场从幻想变成了现实，海洋牧场在蓝色海洋里出现了，海洋牧场方兴未艾。随着海洋科学技术的发展，越来越多、越来越完善、规模越来越大的海洋牧场将会在广阔的海洋上出现。

海洋蓝色农牧业开发

海上人工鱼礁

草原牧场上的牛羊，需要牧草来喂养。海洋上的牧群——鱼、虾也需要牧草来喂食。

深海鱼群（二）

在自然界中存在数不清的食物链，海洋中由浮游生物、海藻、贝、虾、小鱼、大鱼组成一条海洋食物链。大鱼吃小鱼，小鱼吃虾、贝，虾、贝吃浮游生物与海藻，而浮游生物与海藻的生长需要阳光，需要硅磷等营养物质。一些海域阳光充足，海水中营养物质丰富，由于自然力的作用，海洋深处含有丰富的硅、磷等营养物质，上升到海水表层，使这些海域浮游生物丰富，海藻丛生，鱼群密集，成了天然渔场。

人们由此受到启发，在阳光充足、风浪较小、营养物质丰富的海域，建立海洋牧场。为防止海上风、浪的袭击，在海洋牧场的周围，人们筑起了人工防波堤。在海洋牧场里种植"牧草"——养殖海洋浮游生物和海藻。为使海上"牧草"长得多，人们在海洋牧场中投入大量人工鱼礁：废旧轮胎、车辆、水泥块、沉船。人工鱼礁上附着浮游生物，生长着海藻。人们还利用抽水泵，把深层海水抽到表层，为海洋"牧草"提供肥料，使浮游生物、海藻长得快、长得多，吸引更多的海洋鱼、虾前来安家。

海洋牧场里的人工鱼礁是人们为海洋生物能在海洋牧场栖息、安居建造的场所，是海洋鱼类的安乐窝，使它们可以不再在海上游荡，不再无家可归。海洋牧场中的人工鱼礁使海洋鱼类不再受海洋中狂风巨浪的袭击，避开海洋中凶残的鱼类捕杀，使海洋鱼群有了个安全、舒适的"家"，成为鱼的安乐窝。

有些人工鱼礁还安放食料，是鱼的粮食仓库，光顾人工鱼礁的鱼，可以得到丰盛的食物，怪不得海洋中的鱼，喜欢在海洋牧场里安家。

海苗种基地

海洋牧场除了靠贮藏的海上"牧草"和人工鱼礁来吸引大自然中四处游动的鱼群，还主要靠人工接种来培养。

海洋牧场中设有苗种基地，它是海洋牧场鱼群成长的摇篮。

鱼类的生育方式是体外受精。雌鱼把鱼卵排在海洋里，等雄鱼射精后，受精卵变成小鱼，小鱼逐渐长大。雌鱼鱼体排出的鱼卵常常有几百万、几千万个，能变成小鱼，长成大鱼的少得可怜。大多数鱼卵和小鱼被大自然毁掉或被大鱼吃掉。

海洋牧场靠鱼的自然繁殖不能满足要求，为此人们设计苗种基地。在苗种基地中有：亲鱼池，这是专门为生育的雌鱼和雄鱼设置的；孵化站，专门为雌鱼排卵，

海洋牧场中设有苗种基地，它是海洋牧场鱼群成长的摇篮

雄鱼射精，让受精卵孵化成小鱼；幼鱼池，专门用来培育幼鱼。

在鱼池里饲养着许多健康的雌鱼和雄鱼，人们为它们创造适合产卵、射精的条件。人工孵化站，人们把雌鱼体内的鱼卵和雄鱼体内的精液轻轻挤出，放进盆或缸内，让鱼卵受精。也可把雌鱼、雄鱼的肚子剖开，取出鱼卵和精液，放入一个有营养物质的盆或缸内轻轻搅动，让鱼卵受精，再放入恒温箱孵化。为了使雌鱼肚中的鱼卵早些成熟，可以给雌鱼打入一种激素，催鱼卵早熟，便于人工孵化。

人工孵化站产出的鱼苗，放在幼鱼池中饲养，幼鱼池中的幼鱼可以得到丰富的食料，并得到精心饲养，可以在没有捕食幼鱼"天敌"的环境下生长。待幼鱼长大成小鱼，再放到海洋牧场里饲养。

海洋牧场的放养

海洋牧场

苗种基地培育出来幼鱼长成小鱼，可以独立生活时，它们作为种鱼，放牧到海洋牧场中，自由自在地生长。但是，海洋牧场中放牧的鱼，像牧场上的牛羊也要管理。

为了让鱼留在海洋牧场里，采用了许多海水养殖与放养方法。绑扎而成的浮子是由玻璃球、塑料浮筒做成。浮架投放到海水中，用绳缆与海底连在一起，使它不漂走。浮筏适用于养殖贝、海藻，特别适合贻贝、扇贝、牡蛎的养殖。

海洋牧场的发展

海洋牧场是海洋科学技术与海洋捕捞技术发展的产物，并将随着现代科学技术的发展而发展。

世界上第一个现代海洋牧场是由日本科学家经过 13 年的研究与试验，于 1987 年获得成功。日本在佑伯湾开辟了一个直径达数千米的海洋牧场。这个海洋牧场饲养真鲷鱼，并利用沉入海水中的喇叭发出

海洋牧场的鱼群

特定音响，来控制真鲷鱼的进食。牧场按时发出的钢琴乐曲和击鼓声，1000 米处的真鲷鱼听到声音会赶来进食。

南极磷虾

南极磷虾大部分生活在距离南极 400～1800 千米的水域里。它们喜欢集群活动，常常形成上百米宽的阵容。随着它们成群结队地游动，海面上银波闪烁，一片流萤飞舞的景象。

南极磷虾有几十种，大多数能发出蓝绿色的光，所以得名磷虾。南极磷虾体长 4～6 厘米，外表像小型龙虾，长着一对黑眼睛，故又称"黑眼

海洋蓝色农牧业开发

南极大陆

虾",它的体色几乎是透明的,外表呈金黄色,体内呈粉色。它所以会发光是因为腹部有一个发光器官,夜晚会发出篮绿色磷光。在磷虾体内有一种叫做糖蛋白的物质,能使体内冰点下降。所以,南极磷虾即使生活在冰冷的海水中,身体也不会冻僵。

磷虾繁殖能力很强,生长速度又快,在盛产磷虾的南极水域每立方米海水中,磷虾的数量可达几十公斤之多。磷虾的繁殖速度极快,年增长率大于5%,人们的捕捞能力却低于它的繁殖能力。

磷虾是海洋中鲸、海豹、企鹅和海鸟喜爱的食物。它味道鲜美、营养丰富,也适合作为人类的食品。在新捕的虾中,含有大量人体所需的氨基酸和多种微量元素,还含有丰富的蛋白质。干磷虾中含有65%的蛋白质,所以,磷虾可望成为人类蛋白质的主要来源。

磷虾的捕捞与加工

捕捞磷虾有专门的捕虾船。捕虾船构造坚固,有一定的破冰能力,不怕浮冰,能在南极海域进行捕捞作业。在捕虾船上装有探鱼仪,可以用声波探测虾群,也可用光的反射进行探测。夜晚捕虾船采用灯光诱捕。

当进行灯光诱捕时,人们打开了水下灯,整下海面立刻被照得通明,磷虾争先恐后地朝水下灯光源处游来,越聚越多,于是大功率的鱼泵开始启动,连水带虾一起吸上捕虾船的船舱里。捕虾船也可用拖网、围网来捕捞磷虾。由于磷虾在水下 250～400 米海深处生活，暖季时，它们浮上水面来吃硅藻，它们喜欢在早上或黄昏时游出海面，所以捕虾船在黄昏时出海进行捕捞，可以获得大丰收。

目前，世界上已有 20 多个国家在进行南极磷虾的捕捞、加工，并已研究如何充分开发、利用磷虾这一海洋上最大的生物资源。全世界磷虾捕获量也在逐年提高。

随着海洋工程技术的发展，对磷虾的开发与利用受到越来越多国家的重视，磷虾这种宝贵的海洋生物资源将会被更加充分地开发与利用，磷虾有可能成为人类的重要食品来源，成为新世纪人类的流行食品。

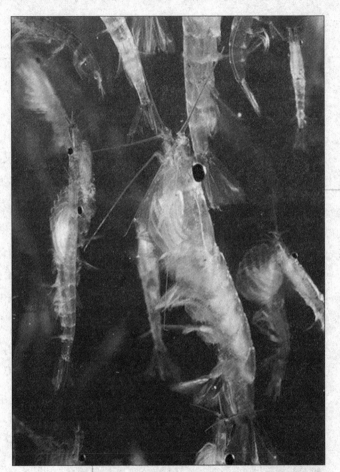

磷虾

海洋蓝色农牧业开发

海洋药业开发

海洋药库

海洋是一个巨大的药库。海生植物有几十万种，仅藻类就有 10 万种以上；海生动物有十几万种，仅鱼类就有 2 万种。许多海洋生物能为人类提供药物资源。

人类对海洋生物药物价值的认识，可以追溯到几千年前。1945 年，从海洋污泥中分离得到头孢霉素；1964 年，河豚毒素结构测定成功，并于20世纪 70 年代完成了河豚毒素的人工合成；1965年，第一个二倍半萜的结构被报道；1969 年，从加勒比海柳珊瑚中分离得到高含量的前列腺素15PO—PCA2。这些成就极大地刺激了化学界对来自海洋生物活性物质的兴趣。

海马

海葵药用

在海洋生物中，有一种叫岩沙海葵的腔肠动物。它生长在海滨岩石上，或半截身子埋在沙土里，当它那些绚丽的触手全部伸展开，在海水中随波摆动的时候，好像一朵怒放的向日葵，故称之为"岩沙海葵"。

两个科学研究小组分别于 1971 年和 1974 年在调查西加毒素生物来源的过程中，都独立地发现了含高毒性的岩沙海葵毒素，称为 PTX。岩沙海葵毒素，是目前已知的最强的冠脉收缩剂之一。血管紧张

海葵

素能引起血管张力的显著改变，而 PTX 至少比它强 100 倍。而且，PTX 的作用速度极快，动物从中毒到死亡的时间 3～5 分钟，抢救时甚至连静脉给药也无效，因为静脉血流的停滞使得解药无法到达心脏，故需直接对心室注射解毒药以逆转毒素对心脏的毒性作用。

另外，有人研究过 PTX 的去毒药物问题。用市售的漂白粉、氢氧化钠以及盐酸的水溶液，均能在短时间内使其失去毒性，而醋酸却无效。如果要向动物或人的心室注射解毒药的话，一般 50 毫克的罂杰碱或 5 毫克的异山梨塘二硝酸酯，均可逆转半数由 PTX 引起中毒的动物或人。在所有试验过的解毒药中，异山梨糖二硝酸酯是最好的一种。

在毒性试验中发现，仅注射极少量的 PTX 溶液，即会引起心脏的反应。因此，心肌可能是 PTX 的作用部位。至于 PTX 引起动物死亡的原因很多，可能是因为 PTX 引起动物冠脉平滑肌强烈痉挛，从而引起血流量显著减少，

直到 PTX 在血管中引起普遍的坏死作用；可能是 PTX 中毒造成氧供给的减少，导致心脏和呼吸逐渐衰竭；也可能是代谢物的积累引起肾衰竭。

海葵毒素可以抗癌

PTX 也是目前所知道的最毒的非蛋白质毒素之一。其活性极高，比众所周知的河豚毒素、石房蛤毒素等海洋毒素的毒性要高一个数量级，能引起强烈的血管收缩，具有抑瘤活性，已引起各方面学者的极大重视。

1974 年，科学家们研究了岩砂海葵及其所含毒素的抗癌活性，从三种岩沙海葵中用乙醇提取活性物质，提取物能抑制小鼠艾氏腹水瘤，而且发现抑癌活性随提取物毒性的增大而增大。

经过 20 多年的努力，科学家们已经阐明了岩沙海葵毒素的化学结构。该毒素的药理研究正在不断深入进行，有望获得高效生化机制研究药物——治疗心血管病药物和抗癌药物。

鲨药用

鲨是一种远在古生代寒武纪就已经出现的海洋动物。任凭岁月流逝、沧桑变迁，同时代的生物或进化或灭亡，只有鲨的形态和结构没有大的变化，顽强地活到了今天。因此，鲨被称为地球的"活化石"。

在光线不好的情况下，鲨能用突出边眶的办法，以增加所视目标的清晰度。人们还根据鲨的这种特殊构造的原理，制成了水下电视摄像机，能在微弱的光线下，拍摄出清晰度较高的画面。

人类对海洋的开发

鲎的血液中含有0.28%的铜元素，因此它的血液呈蓝色。鲎的血液中还有一种多功能的变形细胞。经研究发现，含有变形细胞的血液一旦接触到细菌，就会很快凝固。人们根据这种特性，用鲎血制成了鲎试剂，它能快速、灵敏地检测人体内或药物、食物是否被细菌感染过。之后，鲎试剂就被广泛应用于生物学、医学研究、药学及环境卫生学中的痕量内毒辣纱的检测。对鲎的研究，已日益引起世界各国生物学家的浓厚兴趣。

鲎试剂，就是鲎的血液中变形细胞的溶解物。它是采用无菌的方法提取鲎的血液，经离心分离血球和血浆，去掉血浆，然后用低渗法使血细胞破裂，最终添加辅助剂而得。这种鲎变形细胞解物遇到内毒素能迅速形成凝胶。

鲎

在使用鲎试剂检测时，就是在待检物中加入一定量的鲎试剂，根据其是否会产生凝胶，来判断待检药物中是否存在内毒素。这一检测方式应用在临床检验，可对病人的内毒素进行检查，并能很快得出结果。以前靠细菌培养鉴别法检验，要花几天工夫，有时会耽误治疗；而使用鲎试剂，只需2个小时即可得出结果。

鲎试剂还可用来检查药物中的热源，不仅方法简单，节约时间，而且灵敏度要比常规方法高出10倍左右。可以说，鲎试剂检查热源，在抗菌素生产中将起到重要的作用。

鲎试剂不仅具有灵敏、快速、简便的特点，而且经济效益和重复性都很好。美国食品与药品管理局于1978年将鲎试剂列为许可生产剂的生物制品，美国药典（1980年）也已正式收载此法。中国广西等地的制药厂已成功试制鲨试剂。

海龟药用

海龟

龟板和龟掌加工后，可治疗肾亏精冷、失眠、健忘、眼肿痛、肝硬化和高血压；龟肉加工后，可治疗气管炎、哮喘、干咳；龟肝煮食后，可治疗慢性肠出血，龟蛋煮粥食田，可治疗痢疾；龟油外敷，可治疗水、火烫伤；龟胆汁对肉瘤有抑制作用。

海蜇药用

海蜇和鲜荸荠配成雪羹汤，可治疗原发性高血压，疗效可达82%以上，还可治疗颈部淋巴结核；海蜇和鲜猪血炖服，可以治疗哮喘；海蜇用白糖腌泡，带汁服用，可治疗妇女血崩；如果妇女生小孩后，乳汁不足，可将鲜海蜇切碎，每日服一碗，两日后，乳汁就可大增。

珊瑚药用

柏珊瑚煮水服用，可治疗肺病、小儿惊风，研磨服用，可止咳，止泻；角珊瑚煮水服用，可治疗腰痛和出血。在珊瑚中还可提取前列腺素，前列腺素可用来治疗溃疡病、动脉硬化、高血压症和病毒引起的不治之症。有些珊瑚可以提取抗癌物质，抗癌活性十分明显。日本和澳大利亚已

在使用，更可观的是在 1982 年法国科学家阿兰·帕特尔根据珊瑚含钙率与人体骨骼相似的事实，大胆地用珊瑚给 70 例伤残者接骨，并全部取得成功，这是人类接骨术的重大突破。

珊瑚

牡蛎药用

牡蛎肉含有人体必须的 10 种氨基酸，牛磺酸、糖原、多种维生素和海洋生物有的活性物质，还含有丰富和比例适当的锌、铁、铜、碘、硒等微量元素，牡蛎壳含有 80% ~ 90% 的碳酸钙等。牡蛎所制成的药品，可以治疗肝病、肾病、糖尿病、血脂、动脉硬化以及肿瘤等慢性病。孕妇和产妇，为了优生优育，可用牡蛎制成的药物保健。

文蛤药用

文蛤肉有滋阴利补的功效，是具有兴阳、抗衰老和调节人体免疫力的良好保健品；和其他药物配制，可治疗哮喘、中耳炎、气管炎；对肿瘤、肝癌、甲状腺癌有抑制和治疗作用。

虾药用

虾皮含有大量的甲壳质。甲壳可以制成良好的"人造皮肤"，用于大面积烧伤的病人。创面不受外界细菌的侵入，这种人造皮肤，将溶解在人体内，和伤口皮肤形成硬痂，新皮肤形成后，硬痂自行脱落；甲壳物质可

人
类
对
海
洋
的
开
发

海虾

做外科手术缝合线，刀口会很快愈合，不用拆线，而溶解在体内，日本、美国等国已应用于外科手术；甲壳物质表面排列着无数蜂窝状的孔穴，是制作缓释药物的良好材料，服用后，药物从孔穴缓慢释放，可保持血药浓度，减少服药次数，甲壳质有快速凝血功能，外用止血，疗效明显；从甲壳质中还可提取抗癌物质。

鱼药用

雄鱼有鱼白，它是鱼类的精巢，是制造和贮精子的器官。鱼白含有一种特殊的蛋白质，经过加工可制成鱼精蛋白，可治疗肺咳血、重症肝炎引起的大出血；可制成延长药物作用时间的药品；可提取核酶，治疗骨髓抑制、白细胞减少、再生障碍性贫血、血小板减少、肝炎、牛皮癣等疾病。鱼精蛋白加酸直接水解或采用其他方法，可提取精氨酸，治疗肝昏迷病人，这是医院经常使用的特效药。

碘酒的碘是从哪里提炼出来的

碘酒的碘是从海藻中提炼出来的，碘有强大的杀菌作用，可配制成含碘的酒精溶液，做消毒使用。市场上出售的华素片、碘喉片，都是以碘为主要药物而制成的片剂，可以治疗咽炎、喉炎、口腔炎症、甲状腺肿大、甲状腺功能亢进；用碘配制的注射液，可协助医生对疾病的诊断，例如用

30%或70%的溶液，注入尿道或心血管后，就可在光下，使泌尿系统、心血管系统和胆道系统等获得清晰的显影，对病人病情作出明确的诊断。

海蛇药用

蛇毒可以用来制成各种单价或多价的抗毒血清，可以治疗某一种或多种毒蛇咬伤；可以制成新型镇痛药，治疗坐骨神经痛、三叉神经痛，镇痛效果明显；将活蛇入酒浸死后，洗净封存在60度酒中半年以上适量服用，可治疗风湿性关节炎、腰背痛、骨质增生和产后风等疾病。蛇胆可以驱风活血，蛇油可以养护皮肤，是良好的护肤佳品。

海洋"血浆"

从海洋生物中，不仅可以提取治疗心脑血管、癌、消化道等疾病的海洋药物，而且可以从中提取宝贵的代血浆。

在我国，最先从海洋生物中提取代血浆的是中国海军401医院的药剂师们。他们经过多年的研究和试验，从一种叫"罗氏海盘车"的海洋棘皮动物身上，提取到了橙黄色的代血浆溶液，并已开始在临床上应用。

海盘车又叫海星，在大海里比比皆是。有的海星像五角星，有的长着多个细长的爪子，形状很像太阳放射光芒的图案。海洋中足有2000多个海星品种，大都生活在潮间带和近岸平静的海域。位于海滨城市青岛的401医院，正是靠着这种优越的环境条件，开始"海洋血浆"研究的。如今，已取得了喜人的成果。

在进行外科手术，治疗大出血、烫伤、烧伤及其他外伤引起的休克等症状时，静脉注射"海盘代血浆"，能够维护血压或增加血液循环中的血溶量，收到输入人血浆所能起到的作用。

在海洋生物中，除了可以从海盘车中提取代血浆外，也可以从褐藻中

海洋药业开发

提取。海洋里，褐藻的种类繁多，常见的有海带、裙带菜、鼠尾藻、羊栖菜、铜藻等。它们在工业、食品和医药上都占有重要地位。

生产褐藻胶代血浆的设备很简单，也有合格的原料，一般的药液生产单位都可自行配制。国外一些药厂生产这种代血浆时，还特别加入氨基酸，以增加营养。无论是海车还是褐藻，它们在海洋中都有着十分可观的资源，人工提取代血浆的前景非常广阔。

乌贼药用

乌贼

人称乌贼浑身都是药。乌贼肉可养血滋阴；乌贼内壳（乌贼骨）有收敛、止血、制酸、止痛功效，是治疗胃部疾病的主药，与其他配制的药物，可治疗胃出血、肺结核咳血、拔牙和鼻部手术出血；乌贼墨，它是全身性止血药，可用于消化道出血、功能性子宫出血和肺咳血的治疗；乌贼蛋可开胃利水。所以说乌贼全身都是药。

海洋生物的药用

人类利用海洋生物作为药物的历史悠久。在中国的《黄帝内经》、《神农本草》、《本草纲目》中都有海洋药用生物的记载。例如，海带治疗甲状腺肿大、石莼利尿、乌贼的墨囊治疗妇科疾病、鲍鱼的石决明明目、鹧鸪菜驱蛔虫；海蜇能"消疾引积，止带祛风"，可治"妇人劳损，积血带下，小儿风疾丹毒"；海龙、海马对身体有滋补强壮作用等。随着人类对海洋药用生物资源的研究，新的海洋生物药源不断被发现。例如，从海产粘盲鳗中提取盲鳗素，是一种强效心脏兴奋剂和升血压剂；鲨鱼肝可提取肝油，肝油内含有大量鲨肝烯，可作为皮肤润滑剂、脂肪性药物的携带剂；鳕鱼肝油是治疗维生素 A、D 缺乏症的良药，还可以治疗伤口、烧伤和脓疮；乌贼的内壳即海螵蛸可治疗胃病，用作止血剂，还能治疗皮肤、耳朵、面部神经痛等，还可以治疗气喘、心脏病、疟疾等；贝类中的砗磲壳则有镇静、安神、解毒等功能。海洋生物中有许多种类含有毒素，临床上可作为肌肉松弛剂、镇静剂和局部麻醉剂。现在已经有人把现代海洋药物的发展与海洋生物毒素的研究联系在一起，使药用海洋生物的研究与开发更加广泛。

海蜇群

海洋药业开发

我国海洋生物的药用大致可分为三种类型。

第一类是传统中药对海洋生物的使用，单方使用或与其他药物配合使用或制成中成药；

第二类是在传统中药的基础上用现代科学方法进行成分和药理等一系列分析测试，用价廉而药源丰富的海洋生物替代珍贵而药源稀少的动、植物，拓展药源，变单一药源为多种药源，如用珍珠层粉替代珍珠，效果很好；

第三类是新开拓的药源，即从药用生物中提取有效成分，作为医药制剂或医药与保健食品工业的原料。在海洋药物的研究开发方面，我国依靠传统中医药的经验，在临床实际应用中，处于世界领先地位。20世纪80年代以前，我国海洋中药已超过100味。据1977年版的《中华人民共和国药典》记载，海洋生物药物有16项，海洋药物与其他药物配合制成中成药有23项，由海洋生物提炼而成西药的有鱼肝油、琼脂、鱼精蛋白等6项。据1977年版的《中药大辞典》记载，仅1974年前记述的海洋中药已达128味。20世纪80年代以来，我国海洋中药研究和开发有了新进展，涌现了一批新一代海洋中成药和保健滋补品。我国药用海洋鱼类有200多种，已知我国海洋鱼类能够防治130多种疾病，利用鱼类或与中药配合，能够防治更多病症，但是用鱼类制成中药的并不多。多年来，用鱼类提制药物治病已取得较大进展。

目前在海洋生物中发现可作为药物和制药原料的已达千余种。从微生物到鲸类都有，最重要的有海洋微生物，各种藻类、腔肠动物、海绵动物、软体动物、棘皮动物、被囊动物以及各种鱼类等。其中一些食用价值低的生物类群，其药用价值往往更高。据研究已知有230种藻类含有各种维生素，246种海洋生物含有抗癌物质。20世纪90年代以后，利用高新技术研制海洋新药物已成为药用海洋生物资源开发的主流。当前，国际上海洋药物开发的主要方向看以下几个方面：

①增强机体免疫功能的药物；

②抗心胸血管疾病的药物；

③抗风湿、类风湿方面的药物；

④抗肿瘤药物；

人类对海洋的开发

⑤抗过敏药物；

⑥抗病毒类药（包括艾滋病药物）；

⑦防治肥胖和有益健美药物；

⑧抗衰老和妇幼保健药物；

⑨身体机能紊乱调节药物（包括抗抑郁、内分泌失调、功能障碍等）；

⑩补益类营养保健药。

部分海洋抗癌药物和保健品

药物名称	原料	主要成分	主要功能
海拿登（marinactarl）	海洋细菌		有极强的抗癌作用，已进入临床试验
Brvostatinl	海洋苔藓虫		抑制白血病细胞，正在进行Ⅰ期临床
海鞘隶B（DideminB）	海鞘	环肽	明显的抗癌、抗病毒和免疫调节作用，正进行Ⅰ期临床，可成为新的抗癌药
Dolastatin10	海兔	小肽	抗癌，极具临床应用前景
络氨酸代谢物	海绵		对乳腺癌、肺癌有极强的抑制作用，已进入Ⅱ期临床
鲨鱼软骨胶囊	鲨鱼软骨	多肽	抗癌，已有产品进入市场
鲨鱼油乳剂	姥鲨肝		抗癌，已通过Ⅰ、Ⅱ期临床
角鲨烯胶丸	鲨鱼肝	角鲨烯	缓解心脑缺氧症，提高机体免疫力
海力特	海藻		提高免疫力，抑制疝症，是癌症治疗的辅助药物
海嘧啶	海藻等	海藻多糖	抗肿瘤化疗药
复方海藻多糖	海带、羊栖菜等	多糖	抗癌中药制剂
藻酸双酯钠（PSS）	海藻		治疗心血管病
甘露醇烟酸酯	海藻		治疗心血管病

海洋药业开发

药物名称	原料	主要成分	主要功能
多烯康胶囊	海洋鱼类	EPA、DHA	降血脂、降血压、降血粘、抗血凝等
鱼油制品	海洋鱼类	EPA、DHA	功能同上
金牡蛎	牡蛎	多糖、牛磺酸	降血脂、抗凝血、抗血栓，增强免疫
金贻贝胶囊	贻贝	牛磺酸、PUFA等	保肝抗氧化
β-胡萝卜素	杜氏盐藻等		抗自由基、抗衰老
牛磺酸	贝类、头足类、鱼类等		抗氧化、抗突变、抗肿瘤
Zidovudine（AZT）	海洋鲱鱼的精液	胸腺嘧啶脱氧核苷	目前世界上唯一批准正式用于临床的抗艾滋病药物
甲壳质	虾、蟹壳		抑制肿瘤、消炎、抗辐射、防治心脑血管病；作为药物载体、包衣剂等
喜多安	虾、蟹壳	几丁聚糖	免疫调节
奇美好、海肤康、康肤灵人工皮肤	虾、蟹壳	几丁聚糖	不致敏、无刺激、无吸收中毒及占位排斥现象
海藻多硒营养液	海藻等	海藻硒、海藻磺、海藻多糖	增加免疫力、抗肿瘤
碘品	海带、裙带菜等	有机磺	补碘
螺旋藻片（或胶盍）	螺旋藻	螺旋藻粉	减肥、免疫调节、增加体质

海洋生物活性物质

　　海洋生物活性物质是指存在于海洋生物体内的海洋药用物质、生物信息物质、海洋生物毒素和生物功能材料等对生命现象具有影响的物质，一般都以微量形式存在。包括几丁聚糖、鱼油中的 EPA 和 DHA 等。由于其含量通常较少，如何获得足够量是此类天然产物能否被人类利用的关键。海洋生物活性物质的研究与开发，也就是对上述天然产物的研究与开发。

在海洋生物中存在大量的具有药用价值的活性物质，最主要的包括如下几个方面：

①海产生物毒素：包括河豚毒素、石房蛤毒素、海葵毒素。其中有的是肌肉神经阻滞剂，可作为麻醉药；有的具有抗白血病活性；而海葵多肽毒素对心脏、神经均有作用。

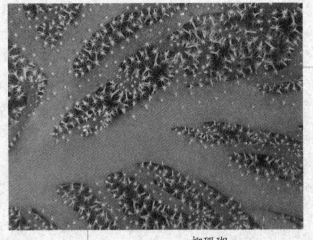
柳珊瑚

②抗肿瘤物质：例如，从软体动物中分离出来多肽或蛋白质化合物具有很强的抗肿瘤，抗白血病作用；鲨鱼粘多糖是很强的抗癌物质。

③抗真菌、抗细菌和抗病毒物质：从海泥和单胞藻中分离的代谢物及从棘皮动物、被囊动物中分离的化合物具有抗菌作用；海洋真菌的顶头孢菌的代谢产物可制成头孢菌类的抗菌素；从被囊动物分离的化合物对病毒则有抑制作用。

④具有心血管活性化合物：从海洋生物中可分离出多种具有心血管活性的化合物，例如，从单胞藻、鱼油中分离出多种不饱和脂肪酸（如EPA、DHA 等）具有防止血小板聚结和心血管硬化的功能。

⑤其他生物活性化合物。从红藻、海绵、柳珊瑚等海洋生物中都可以分离出不同生理活性的化合物。从柳珊瑚中分离的前列腺素经变化后具有生理活性。从海人草中分离的海人草酸具有驱虫等作用。

海洋药业开发

海洋生物活性物质的特点及
开发海洋生物活性物质的意义

由于海洋特殊的环境，使得海洋生物活性物质具有许多独特的性质。

（1）种类繁多、结构特异

河豚

由于海洋中生活着如此大量的生物，加之海水环境的特殊性，因此在海洋生物中存在着大量的、种类繁多的生物活性物质，仅 1977～1987 年 10 年间就发现有 2500 种。这些活性物质包括萜类、肽类、聚醚类、氨基酸类、脂类和脂肪酸类、生物碱、皂甙、有机酸、蛋白质等等，而每一类活性物质中又包含着许多结构不同的化合物。以萜类化合物为例，仅从凹顶藻属中就分离得到 26 种新型碳架结构的萜类，从海绵中得到了 150 种二倍半萜，占目前已知的二倍半萜的 2 乃以上。又如甾类化合物，仅 1972～1976 年 4 年间，从海洋生物中获得的这类化合物的种类就是过去所有甾醇总和的 2 倍，甚至在一种海绵体内就发现 50 种左右的甾醇。很多海洋生物活性物质的结构很独特，在陆生生物中没有见到过。

（2）活性强

如河豚毒素的毒性比合成战争毒气的毒性大上千倍，石房蛤毒素（saltoxln，STX）对神经的麻痹毒性比可卡因大 10000 倍，西加毒素（clguatoxln）、沙海葵毒素（palytoxin，PTX）和刺尾鱼毒素（maltotoxln，MTX）的毒性更强。

（3）海洋生物活性物质含量一般甚少

如西加毒素在鱼体内的含量只有（$1 \sim 10 \times 10^{-6}$）ppb，1000 千克鱼肉中才能获得 1 毫克。这一特征表明，大部分活性物质要仅仅直接利用海洋生物作原料来进行分离提取，是很难满足人类需求的。不过也有一些活性物质在海洋生物体内含量较高，如海洋鱼类、微藻和其他海洋生物中的 ω3 高度不饱和脂肪酸、牡蛎等海洋生物中的牛黄酸、海藻中的多糖和碘等都是含量较高的，且原料来源丰富，可以直接从海洋生物中获取而加以利用。

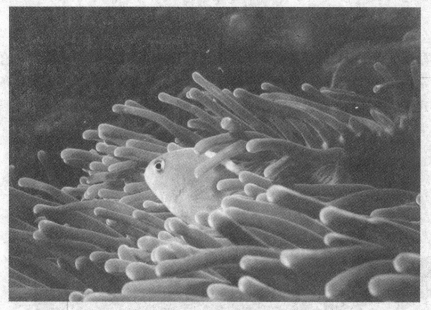

海洋生物种类繁多

值得一提的是，我国在海洋中成药的研究方面取得了许多突出的成绩，在全国的 40 多个中成药剂型中，海洋中成药大约占 30%，如用牡蛎为主要原料的春血安、妇科止血灵、血牡片、海珍宝口服液、活力钙、金牡蛎、海力宝，含有乌贼原料的乌贝散、海墨素片，含海蛇成分的海蛇追风酒、海蛇酊，还有深海龙、海维特、海力特、海康通、海尔滋、海力胃宝、金海宝、安脑、生命王口服液、降脂安、佳钙宝等等。这些中成药对防治疾病，提高健康水平起到了很大的作用。

海洋药业开发

海洋工程开发

海洋工程

海洋工程是应用海洋基础科学，开发利用海洋资源所形成的一门综合技术学科，也指开发海洋资源、保护海洋环境和特殊用途所需的各种建筑物、建筑群或其他工程设施。

海洋工程——海堤

海洋工程包括海岸工程、近海工程和深海工程三大类。就海岸工程来说，包括海岸防护工程，主要有护岸、海堤、丁坝、离岸堤，还有植物（如大米草）护滩以及人工填沙护滩，用于保护岸滩、城镇、农田等，防止风暴潮的泛滥、淹没，抵御波浪、潮流的侵袭与淘刷；海港工程，为水陆交通枢纽的各种工程设施，包括码头、防波堤，港池、航道及其导航设施等；海底工程和跨海工程，用于改善被海域隔开两地的联络，包括交通、电力、通信等，包括疏浚工程和隧道（管道、缆线）工程，跨海大桥工程；围海工程，主要建筑物是海堤和水闸；填海造地，包括围海和砂石土充填，主要目的是拓展陆域空间，缓解城市化和工业化进程中土地资源紧缺的矛盾。这些海岸工程加强了人类对海洋自然灾害的防御能力，拓展了人类的生存发展空间，提高了人类的福利，但也对海岸带的资源环境带来一定的压力。

跨海大桥

海洋工程开发

海堤是海岸防护的主要工程措施，它是保护海岸、河口地区不受风暴潮、风浪、洪水侵袭的一种水上建筑物。它在中国浙江一带亦称海塘，在河北、天津一带则称海挡，我国沿海地区已建成海堤总长约 13580 多千米。海堤与江（河）堤比较有显著特点，首先是海堤保护对象的多样化，海堤可以保护农垦、水产养殖、盐业、蓄淡、潮汐发电和城市、工业用地等。因此，围海工程中海堤的防护对象是多种多样的，他们对海堤的要求和工作条件也有所不同。如对一般围垦工程，海堤主要是挡潮防浪，而对海涂水库则海堤同时要起水库拦河坝的作用；其次是海堤所处的自然条件较差，海堤围于海、陆交界处，迎海面直接受风浪、暴潮、水流的作用，动力因素复杂，如若台风、暴雨与天文大潮相遇，对海堤危害很大，再次是海堤的施工条件困难，在沿海地区，每天潮涨潮落，无一般江河堤防可利用枯水季施工的条件，且海堤施工一般不用围堰，直接在水中施工或趁低潮施工，进行抢潮作业，施工期间受潮汐与风浪影响，施工有效时间短，施工交通不便。

近年来，在我国东南沿海，多次出现台风、暴潮，毁坏海堤并造成直接经济损失。如 1996 年有三次台风风暴潮给浙江、福建、广东、海南、广西五省区造成严重的风暴潮灾害，造成严重灾害，共计损坏堤防 876 千米，直接经济损失 290 亿元；1997 年有两次台风，给从福建到辽宁以及广东等 9 个省市造成严重的风暴潮灾害，损坏堤防 1792 千米，直接经济损失 308 亿元。因此，明确海堤的防御标准是进行海堤施工建设的重要问题。

滨海核电站

滨海具有原材料和产品的输入输出之便，一些大型工厂及其附属工业往往选址到海岸带地区。滨海核电站便是滨海工业其中之一。滨海核电站是以核能作燃料的发电站，以核燃料在核反应堆中发生特殊形式的"燃烧"产生热量，来加热水使之变成蒸汽，蒸汽通过管路进入汽轮机，推动汽轮发电机发电。用过的蒸汽经过冷凝，冷凝水返回之后再被变成蒸汽，又开始新一轮的循环。

核电站和普通火电站相比具有以下优点：（1）核能发电不像化石燃料发电那样排放巨量的污染物质到大气中，因此核能发电不会造成空气污

滨海核电站

染。（2）核能发电不会产生加重地球温室效应的二氧化碳。（3）核能发电所使用的铀燃料，除了发电外，没有其他的用途。（4）核燃料能量密度比起化石燃料高几百万倍，故核能电厂所使用的燃料体积小，运输与储存都很方便，一座1千万千瓦的核能电厂一年只需30吨的铀燃料，一航次的飞机就可以完成运送。（5）核能发电的成本中，燃料费用所占的比例较低，核能发电的成本较不易受到国际经济形势影响，故发电成本较其他发电方法为稳定。

在国际上核电站一般都选址在滨海地区，是由于核电站所需要的冷却水可以取用海水，经济易行。但是滨海电站包括核电站运行过程中大量冷却水的抽取和大量热废水的排放，不仅造成热污染，使水体的物理、化学、生物过程及生态环境发生明显的变化，而且其化学添加剂也对水域的一定范围带来污染。因此滨海核电站的建设应合理规划。

海底光缆、电缆

　　海底电缆，又称海底通信电缆，是用绝缘材料包裹导线，铺设在海底，用以设立国家之间的电信传输，海底电缆是第一次工业革命的产物。在 1850 年，首次在英国和法国之间铺设了海底电报电缆，1866 年铺设了

铺设海底光缆

第一条横越大西洋的电缆。1956 年当第一条从苏格兰到纽芬兰横跨北大西洋的电话电缆铺设完成后，海洋在全球通信领域中的领导地位获得了新生。这个提供了 36 条电话线路的系统，可以使真空管转发器至少在 20 年内准确无误地运行而不必进行维修，其铺设深度可以深入到水下 3660 米。1962～1963 年间，通信和转播卫星相继发射升空，使海底电话电缆也基本趋近尾声。从 20 世纪 80 年代后期开始，水下电缆发展到高峰，占世界总通信量的 70%。它的成功归功于以下三个并存的过程：首先是科技过程，这个过程以光导纤维传输能力惊人的增长为特征。第一代光纤电缆的传输

能力是卫星系统的 6 倍；到了 20 世纪 90 年代中期的第三代，其传输能力相当于第一代的 18 倍。其次是经济过程，光导纤维的应用使每个声道的成本减少到原来的 1/1000。这样安装和运行全球网络的必要工具，尤其是数据库，很现实地被提到每个国家的议事日程上，包括发展中国家，从而实现了各国的经济发展。第三是空间过程，以海底电缆的空前铺设速度为特征。截至 2005 年时，除南极洲之外，海底电缆已经覆盖了世界上其他各洲。

由于光纤电缆得到广泛的普及，这使得在很多海域与渔业发生了冲突，主要表现是很容易被水下渔业生产设备所破坏。为了确保海洋多种利用方式的共存，国际合作是极其重要的。

水下考古

水下考古的历史遗产有两种类型：第一种类型由固定的遗迹组成，如城镇、乡村或港口设施，它们现在淹没于水下，但曾经完全或部分地位于水上；失事船只残骸及与其相关的物品构成了第二种类型。

最初，水下考古承担的主要任务是对历史的记录。通过对沉船的分析，可以获得有关海洋结构、海洋中的生命、海上运输的类型和功能、海上事件和自然灾害等方面的知识。在 20 世纪 70 年代末和 80 年代，随着技术水平的提高，具有考古意义的水下沉船和遗迹被认为有巨大的经济价值，所以在利益的驱动下，许多公司尝试利用对沉船和水下遗址考古来获利。90 年代，《里约宣言》倡议水下考古要在一定条件和道德价值下进行，即必须要履行两个附加的义务。第一，可持续发展的义务，因为一些海岸和海岛地区，如地中海和加勒比海，水下古遗迹、古工事和古沉船的考古极有可能成为本地区经济发展的重要热点。第二就是有关水下考古代际公平的道德义务，尤其是考古遗址，它被认为是地球的遗产，是保留给后代人的世袭财产的重要组成部分。1994 年在国际社会和道德的影响下，

海洋工程开发

人类对海洋的开发

水下考古

国际法律联合会出台了保护水下文化遗产的协议草案。4 年后，这一文件由关于保护水下文化遗产协议草案的政府专家会议负责实施。

人工岛

人工岛是人们用各种材料在海上建造的建筑物的统称。一般采用移山填海，或把河道、港口挖出的淤泥、陆上用不着的无污染的废弃物，集中堆放到附近的海里，在海上形成一块高出水面的陆地，并用建筑材料加固四周，就成为人工岛。它可以作为停泊大型船舶的开敞深水港，也可以建成起飞着陆安全、不对城市产生噪声污染的机场。在人工岛上建设大型电站或核电站，既方便解决冷却问题，又利于污染控制；出于同样的考虑，造纸厂、废品处理厂、有毒有害物品和危险品仓库等，也常选择建造在人工岛上。根据近岸海上油气资源情况或海洋渔业资源情况，就近建造人工岛，在岛上进行油气开采、石油化工生产或海洋水产加工，可以减少运输环节，降低生产成本。以人工岛的方式建造海上公园，甚至海上城市，则是改善民众生活环境、缓解土地资源紧张的一种新途径。

人工岛鸟瞰

海洋工程开发

　　要建造出一块人工岛来，也不是以一件容易的事。首先要选择适当的地方进行建造。人工岛的位置一般选在附近土石材料充足、水深不超过20米、掩蔽良好的近岸海域。建造人工岛，事先需要对周围环境条件进行详细的调查研究，尤其要针对建设人工岛是否会造成附近航道淤塞、是否会影响周边海域的生物多样性、是否会破坏沿岸珊瑚礁、是否会导致附近海岸冲刷或淤积加剧等进行科学预测和评价。建造人工岛的施工方法，有先抛石填海后修护岸的，也有先筑堤围海后填沙石土方的。近岸的人工岛，大多有栈桥或海底隧道与陆地相连。因而人工岛建设工程通常包括填筑岛身、修建护岸和建造岛陆交通设施三大部分。

海上城市——棕榈岛

从高空俯瞰阿联酋的迪拜，依稀可见两棵巨大的棕榈树漂浮在蔚蓝色的海面上。仔细辨认，棕榈树竟是由一些错落有致、大大小小的岛屿组成。棕榈岛工程由朱迈拉棕榈岛、阿里山棕榈岛、代拉棕榈岛和世界岛等4个岛屿群组成，计划建造1.2万栋私人住宅和1万多所公寓，还包括100多个豪华酒店以及港口、水主题公园、餐馆、购物中心和潜水场所等设施。此外，一个水下酒店、一栋世界上最高的摩天大楼、一处室内滑雪场、一个与迪拜城市大小相当的主体公园，也在计划之内。棕榈岛工程划耗资140亿美元，预计将于2009年完工。届时，世界上最大的人工岛将完全浮出海面。

人类对海洋的开发

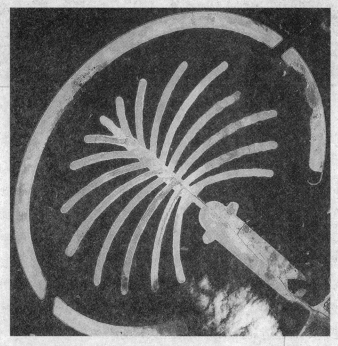

世界上最大的人工岛—棕榈岛

围海造地

"曾经沧海变桑田"不再是传说,"精卫填海"亦不再是神话,人们已经有能力在海岸边缘通过填海造陆开辟新的农田和工业用地。填海造地又称围涂,有的是孤立地在浅海中形成人工岛,但多数是在岸线以外的滩涂上或浅海上建造围堤阻隔海水,并排除围区内的积水使之成为陆地。这样围垦出的土地被称为"最年轻的土地",可用于农林种植、旅游开发、港口建设、城镇建设等。

在人多地少的国家和地区,围海造地是解决土地资源紧张的重要途径。例如荷兰从 13 世纪以来,共修建了长达 2400 千米的拦海大堤,围垦了 7100 多平方千米的土地,相当于荷兰今天陆地面积的 1/5。我国在汉代就

围海造地是解决土地资源紧张的重要途径

开始围海,唐、宋时江苏、浙江沿海,曾建围海长堤百里。随着中国经济的发展和沿海地区城市化进程的加快,填海造地在缓解城市、港口、工矿企业建设占用耕地矛盾方面发挥了重要作用,成为我国海岸带地区用来解决"土地赤字"问题的便捷方式。但围海造地是一把"双刃剑",在带来经济效益的同时,也对海洋生态环境和海洋的可持续发展带来了不利影响,包括围垦区海水自净能力减弱、赤潮发生的频率和强度增大、海岸生物多样性程度降低、海岸与海底的自然平衡状态被改变、一些珍贵的海岸景观和历史遗迹遭到破坏等。

围海造地,要科学论证和合理规划,要通过法制化管理来协调好经济效益、社会效益、生态效益之间的关系,这样才能造福人民群众、造福子孙后代。

海洋工程开发

海底旅馆

2009 年,一个真正的水下旅馆将要在迪拜开张。这个被称之为 Hydropolis 的水下旅馆覆盖 260 公顷的面积,相当于伦敦海德公园大小,建造费

海底旅馆

用为 5.5 亿美元。这项工程包含三个设计元素:一个波浪形的 30000 平方米的水面上的"地面站",海蜇形状的 75000 平方米的水下旅馆,和从岸边通往水下的透明隧道。其他妙不可言的建筑艺术细节还包括两个半透明的穹顶,可以举办音乐会,以及一个能升出水面

的舞厅,这个舞厅具有可伸缩自如的屋顶。另外不得不提及的是这个旅馆的 220 间水泡套房,它看上去很像一个大气泡,住在里面可以通过透明的墙壁和天花板观赏五彩缤纷的海洋生物。房间有休息区和浴室,每个房间都有可调控的控制面板对房间的灯光、布置、声音甚至气味进行调节。其他令人大开眼界的还有从岸边通往水下的玻璃隧道两旁的水屏幕,用于欣赏窗外难得一见的海洋美景、能阻挡中东的火辣的阳光照射的人工云彩,人工云彩是由浮在水面上的巨大的云彩制造机器产生。这个豪华建筑物还有三个酒吧、一个美容诊所、一个海洋生物研究室、一个图书室、一个博物馆、一个祈祷房、私人影院、零售商店、三个具有 150 个座位的餐厅。这个海底旅馆的安全性包括导弹监测雷达系统,万一发生险情,专门设计的防水闸门将及时把遭到破坏的设施同酒店其他部分隔开。

21 世纪人类将回归海洋,在建造人工岛和海上城市的同时,人们还将开拓海底世界,到海底安居乐业,海洋将真正成为人类快乐的家园。